数学与生活 3
无穷与连续

[日] 远山启 著
逸宁 译

人民邮电出版社
北京

图书在版编目（CIP）数据

数学与生活. 3，无穷与连续 /（日）远山启著 ；逸宁译. -- 北京 ：人民邮电出版社，2020.9（2022.9重印）
（图灵新知）
ISBN 978-7-115-54456-8

Ⅰ. ①数… Ⅱ. ①远… ②逸… Ⅲ. ①数学－普及读物 Ⅳ. ①O1-49

中国版本图书馆CIP数据核字(2020)第122927号

内容提要

本书是从“欣赏”的角度通俗解读现代数学的科普作品。正如不懂音符、乐理的人，也能欣赏音乐，甚至可以成为音乐鉴赏家，本书追求的目标，就是让不懂数学公式的人也能理解现代数学的体系与思考方法，领略其中令人惊叹的超越性美景。书中用直观、生动的例子，梳理了现代数学的发展脉络，在“直观”与“抽象”交织的视角下，展示了数学思考中的“自由性”与“逻辑性”。本书可作为了解现代数学的通俗读本，也适合作为高中生、大学生理解数学的参考资料。

◆ 著　[日] 远山启
译　逸　宁
责任编辑　武晓宇
装帧设计　broussaille私制
责任印制　周昇亮
◆ 人民邮电出版社出版发行　北京市丰台区成寿寺路 11 号
邮编　100164　电子邮件　315@ptpress.com.cn
网址　https://www.ptpress.com.cn
固安县铭成印刷有限公司印刷
◆ 开本：880×1230　1/32
印张：5.5　2020 年 9 月第 1 版
字数：109 千字　2022 年 9 月河北第 7 次印刷
著作权合同登记号　图字：01-2018-8509 号

定价：59.80元

读者服务热线：(010) 84084456-6009　印装质量热线：(010)81055316
反盗版热线：(010)81055315
广告经营许可证：京东市监广登字 20170147 号

前　言

当我们想要强调准确性和严密性的时候，通常会用到“数学上”这种说法。并且，这种说法也会被认为具有某种非常严肃的意味，表示不顾任何人为因素，将某种逻辑贯彻到底。在大多数情况下，“数学上”这种说法被视为兼具尊重和敬畏之意，而在某些情况下则带有明显的厌恶色彩。人们印象中的数学似乎就是这样的一门学问。

的确，逻辑上的准确性和严密性是数学不可或缺的特性，这是毋庸置疑的。但是除此之外，难道数学中就不存在任何其他的要素了吗？难道数学家只不过是被困在“逻辑”这一铁面具之下的可怜的囚犯吗？

原子物理学家借助数学之力潜入原子核内部，天文学家插上数学之翼飞向星云。那么，如同铁面具般顽固的数学是怎样进入原子核内部的呢？如同铁面具般笨重的数学又是如何轻盈地飞向星云的呢？

“数学的本质在于它的自由。”这是集合论的创始人康托尔的一句名言。同时，这句话也会令人不禁想起日本数学家关孝和（1642—1708）自号“自由亭”的故事。

自由似乎属于非逻辑性的范畴，它为什么反倒与逻辑性并存了呢？“数学上的自由”这种说法，岂不是荒唐得就像是说存在圆形的三角形那样吗？

这本小书就是用来回答这个问题的，可以说它是一本“数学家的辩白”。因为是辩白，所以我想尽量不在书中使用只有数学家才看得懂的数学公式。的确，不用公式来解释数学，可能要比不用音符来解释音乐难得多。不过，不懂音符的人，虽然无法成为作曲家和演奏家，但只要具备感受力也可以成为优秀的音乐鉴赏家。就像这种情况一样，我们是否也可以去“鉴赏”没有公式的数学呢？我凭借如此“粗暴”的类比，期待依靠读者的感受力来完成这场“辩白”。

数学诞生于约五千年前，时至今日，现代数学在广度和深度上都已经获得了长足的发展。对高度发展的现代数学进行概括并不是本书的初衷，况且只凭这本小书也无法做到这一点。

不过，植物在生长时，枝干和叶子的分化是不断向上、趋于复杂发展的，而根则不断向下延展至地下深处。对于“向下发展”的情况，相比于复杂化，单纯化反而占据了主导。想到这里，我终于鼓起了勇气，想围绕数学在该方向的发展，尽量使用通俗易懂的语言，以慢镜头效果放映高速摄影作品的方式，把其中的逻辑呈现在读者面前。

所谓“辩白”，本来就是“请别人听”，而非“让别人听”。因此，要想让本书略带一些“辩白”的味道，就需要优秀的“律师”预先为这场容易陷入主观独断的辩白指点迷津。我在东京工业大学的同事田中实先生、稻沼瑞穗先生、古庄信臣先生，以及岩波书店的各位同仁欣然接受了这项棘手的工作。我在此向他们表示衷心感谢。

让这本辩白小书成为“数学盛宴”，这确实是一种奢望，不过这确实也是我内心的夙愿。

远山启

1951 年 10 月

目　录

第 1 章　数一数“无穷”

“弟弟，不要哭泣。在 20 岁的时候死去，我需要足够的勇气……”

1832 年 5 月 31 日清晨，共和主义的热烈拥护者——法国数学家埃瓦里斯特·伽罗瓦（1811—1832）留下这句话后就在决斗中倒下，与世长辞。

在伽罗瓦短暂的一生中，不幸之事可谓接踵而至。他先后被学校开除、被捕入狱，最后死于秘密警察设下的“决斗”圈套。

直到他去世 40 年之后，这位英年早逝的共和主义者才被追认为 19 世纪最伟大的数学家之一。

在去世的前一天晚上，他给一位好友留下了自己的遗书。那简短而潦草的字里行间究竟充满了怎样的信念呢?

“……请公开请求高斯和雅可比就我发现的这些定理的重要性发表他们的看法，而不是让他们判断定理正确与否。我希望将来会有人能够读懂我的这些信笔涂鸦……”

伽罗瓦直到死亡来临之前，依然坚信自己的发现具有不朽的价值。或许这正是天才独享的特权，不过也算得上是他唯一的幸福了。

然而与伽罗瓦相比，德国数学家格奥尔格·康托尔（1845—1918）的命运则更加不同寻常，因为他甚至不被准许坚信自己的发现具有不朽的价值。康托尔的大部分人生都在位于德国偏远地区的哈雷大学中度过。他在大学任教，直至晚年因病离世，可以说康托尔的悲剧全都是精神层面上的。

简而言之，集合论就是“关于无穷的数学”。当数学的方向转向无穷这一课题时，危机便会出现。最早提出这一警告的正是德国数学家高斯（1777—1855），世人将他与阿基米德和牛顿（1642—1727）并称为史上最伟大的三大数学家。因此在19世纪，高斯的言论不仅仅代表他个人的意见，无疑也是数学界的一种行事准则，而康托尔则是大胆碰触“无穷”这一数学禁忌的第一人。

不过，尽管高斯的言论具有权威性，关于“无穷”的疑问还是自然而然地出现了。难道数学可以一直若无其事地回避“无穷”问题吗？数学家是不可能对“无穷大”“无穷小”“无穷级数”等“无穷”问题视而不见的。作为近代数学界先驱之一的外尔（1885—1955）甚至曾经这样断言道：“数学是无穷的科学。”

我并不认为当时的高斯轻视了无穷的意义。不过，高斯曾经因担心那些“野蛮人的呐喊”而暂缓发表非欧几何学。鉴于高斯这种特别谨慎的行事风格，或许他本能地察觉到了靠近“无穷”的风险。首先，他的天赋一直运用于“有限”的研究领域，另外也可以说，他那过于发达的数学本能，使他轻而易举地就感受到了“无穷”这个错综复杂的近代数学难题的魅力。

果然不出高斯所料，“无穷”就像被人撕开神秘面纱的复仇天神，盛怒之下向第一个挑战者康托尔发起了残酷的复仇攻势。自康托尔获得集合论的最初构想以来，10年间他一直在确信和怀疑之间徘徊，对于公布自己的研究成果一事犹豫不决。但是，他那划时代的理论一经发表，就在数学界引起了轩然大波。康托尔认为，无穷并不仅仅是一种由人想象出来的产物，而且也并不是表示“非有限”如此单纯的否定意义，它就像 $1, 2, 3, \cdots$ 等数一样，是实际存在的。这种观点，即“实无穷”的理论招致了强烈的反对之声。如果这些反对的声音只是“野蛮人的呐喊”，那么康托尔的敏感神经应该也足够支撑得住吧。但是，发出这些“呐喊”的人都是当时世界上著名的数学家，其中甚至包括 19 世纪末到 20 世纪初在国际上享有盛名的数学家亨利·庞加莱（1854—1912）。

这些反对的声音动摇了康托尔的自信心，也刺痛了他敏感的神经，最终导致他被送进了精神病院。1918 年，康托尔在德国哈雷的一家精神病院内为自己 72 年的人生画上了句号。无人知晓在康托尔即将离开这个世界时，伽罗瓦至死都保持的那种自信——坚信自己的发现具有不朽的价值——是否也造访了他。

康托尔最初的前无古人之举，是尝试去数一数“无穷”。

虽然我们在前文中已经多次提到了“无穷”这个词语，但从常识层面来看，它并不是一个具有明确含义的词，不如说该词具有“超越了人类数数的能力”之意。“无穷”一词在过去仅表示“非有限”这一单纯的否定意义。那么，概念如此模糊的词语，又为何能在视准确性为生命的数学领域成为一项研究课题呢？想必不少人会在头脑中涌现出这样的疑问。

虽说要“数一数无穷”，但也不能越过有限而直接面对无穷的问题。无论如何，正常的顺序都应该是从“数一数有限”开始。

尽管无穷和有限是截然不同的两个概念，但二者还是有很多相似之处的。

提到“数一数有限”，大家可能会觉得已经足够了解相关的内容了，然而我们真的已经对有限数了解得十分透彻了吗?

当我们使用 1 本书、2 支笔、3 个人等说法时，我们非常清楚它们的含义。另外，我们还知道 $2+3=5$ 这个等式是从

$$2\text{ 本}+3\text{ 本}=5\text{ 本}$$

$$2\text{ 个}+3\text{ 个}=5\text{ 个}$$

……

等事实中剥离出来的普遍真理，并且这些等式的真实性是可以通过逐一数数这种简单的方式得到验证的。

即使将数略微增大，例如变为 $20+30=50$，其真实性也可以通过逐一数数的方法得到验证。然而，当我们进一步把数增大，将等式变为 $200+300=500$ 的时候，情况就略有不同了。虽然也能利用逐一数数这种简单的方法验证等式的真实性，但是我们不得不承认，验证的过程会变得十分困难。

逐渐添加 0 使数的位数增加，当数到达亿的水平时，情况又会如何呢?例如，$200\,000\,000+300\,000\,000=500\,000\,000$。如果继续采取逐一数数这种简单却幼稚、原始的方法进行计算，那么再有毅力的人也都会被迫放弃吧。从前恐怕只有天文学家才会用到位数这样多的数，然而如今这种数却变成了我们身处通胀时代的

生活必需品，因此我们必须想办法得到 200 000 000 + 300 000 000 这个算式的答案。下面就让我们一起思考该如何处理这则加法运算吧。

首先，我们把 1 亿这个数视为一个统一体，那么 2 亿就是两个统一体，3 亿则是三个统一体。因此，两个统一体与三个统一体相加，即 $2+3=5$，统一体就变成了五个，我们进而能推导出答案为 5 亿。想必这是所有人的计算思路。

这里的关键在于“把 1 亿视为一个统一体”这一点。根据这种思路，我们可以把复杂的算式 200 000 000 + 300 000 000 转换成简单的算式 $2+3$，继而轻而易举地得出答案。

这种做法会使人想起哲学家黑格尔关于数的阐述。他说：

“数的概念的定义即是数目和单位，而数本身则是数目和单位二者的统一。”（黑格尔《小逻辑》）

关于 1 亿这个数，我们一方面可以将其看作由许多个 1 加起来得到的数；另一方面，我们也可以将其视为一个整体，此时它属于一种单位。我们不得不说这两种相反的性质的确共存于数之中。黑格尔的这句话看似平凡无奇，实际上却触及了数学的本质。因此，在接下来的内容中，我可能会经常引用这句话。

在前文的说明中，我们必须特别注意的一点是，在对 $1,2,3,4,\cdots$ 这种数学家所说的自然数[①] 进行计算时，单纯凭借逐一数数的原始

① 本书的自然数不包含 0。（本书的脚注皆为译者注，尾注为作者注。）

方法是不够的。在数比较大的情况下，除了数数这种原始的手段之外，还必定需要使用在前文中提到的那种逻辑性的计算方法。

一般情况下，“逻辑性”一词便于解释语言中的谬误，或者可以用于指出某种成形理论的缺陷，不过该词往往并不被认为具有建设性。但是，想必大家已经注意到了，前文的计算中所使用的逻辑绝不属于此种情况。或许可以说，引导我们将 200 000 000 + 300 000 000 转换为 2 + 3 的逻辑，正是数学的生命。

关于这一点，第二次世界大战后，日本学生在“新教育”① 的名义下接受的算术教育② 便是理所当然的。不限于算术，所有领域的教育都务必贴合现实生活——应该没有人会对这一点提出异议，大部分人肯定也会赞成源于这种理念的“新教育”的观点。但是，“教育贴合现实生活”的目标，为什么会引发实际情况和逻辑之间的矛盾呢？如前文所述，如果我们一直停留在单纯进行逐一数数的初级阶段，那么即便能够轻易计算出 2 + 3 等于几，也不代表我们能使用同样的方法计算出 200 000 000 + 300 000 000 的结果。如此一来，原本逐一数数的计算方法乍看之下非常“实用”，但最后反而变成了极其“不实用”的计算方法。在这种情况下，把 200 000 000 + 300 000 000 转换成 2 + 3 的逻辑性计算方法显然要“实用”得多。

① 新教育，批判以教师和教科书为中心的教育，也是 19 世纪末兴起于欧美的教育改革运动的总称。新教育采取儿童中心主义，推行教育制度的民主化。

② 算术教育，日本幼儿园和小学阶段的数学教育。

“新教育”的观点似乎认为，通过剔除数学之中的逻辑性就能让数学获得贴合现实生活的实用属性。然而从结果来看，幸好孩子们没有掌握这种非常不实用的“实用方法”，才不至于会算 $2+3$ 却不会算 $200\,000\,000+300\,000\,000$。

就连最基础的加减乘除运算，都包含着比逐一数数这种方法更复杂的逻辑，而能最大限度地使用逻辑的正是现代数学。这就好比天文学家利用望远镜、细菌学家利用显微镜来弥补肉眼的不足一样，数学家正是利用逻辑来弥补肉眼缺陷的。

那么，数学家是如何利用逻辑成功地去计数无穷的呢？

在面对“无穷”之前，让我们先来看看“有限”吧。说起数数，人们应该很容易就会想到由若干个对象汇总而成的集体。我们把所有由有限个对象汇总而成的集体称为“集合”。在日常生活中，我们会经常接触到这种集合，例如“某个笔筒中的所有铅笔”和“某个学校的全体学生”等，它们都是集合的一种，这是不言而喻的。我会在后文中介绍康托尔对集合所做的定义，在此姑且将通常所说的集合定义为“某种事物的集体”。

接下来，就让我们一起回顾如何确定集合的个数，也就是数集合需要进行怎样的步骤吧。例如，A 筐内有图 1-1 所示个数的苹果。

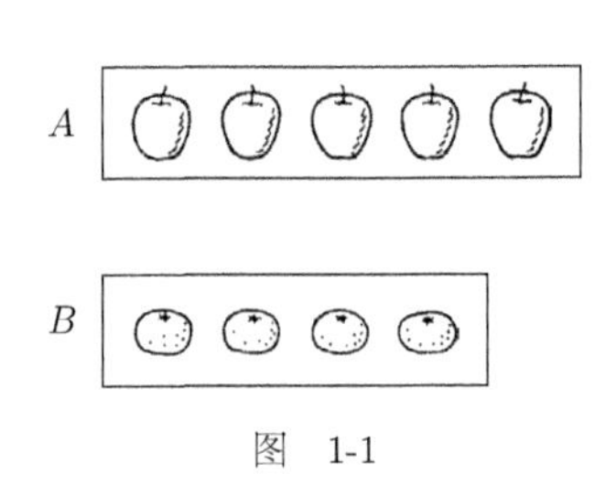

图 1-1

虽然我很想直截了当地说出有“五个”苹果，但是我们当前的目的是分析“一个、二个、三个……”这种思考方式的根基，所以在此特意避开了“五个”这种表达方式。另外，假设除 A 筐外，还存在有如图 1-1 所示个数的橘子的 B 筐。

那么，我们该如何判定 A、B 这两个集合哪个更大呢？如果让小学一年级的学生来回答这个问题，他们肯定会通过数数的方式，给出 A 是“五个”、B 是“四个”的答案。由于“五个”多于“四个”，所以最终会得出 A 比 B 大的结论。

不过，在此我们可以设定一个极具幻想色彩的假设，即有一种不明原因的神经疾病在全世界范围内爆发流行。该病名为“忘数症”，一旦患上此病，虽然患者的其他精神活动并无异常，但会忘记除了 1 以外的 $2, 3, 4, \cdots$ 这些数。我们不难想象，这种病会让文明世界陷入空前的混乱。可即便如此，人类为了生存，也必须去比较各种集合的大小。让我们来想一想，人在感染了这种疾病后该如何比较 A 和 B 的大小呢？

我们可以先从 A 筐和 B 筐中分别取出 1 个苹果和 1 个橘子，并用绳子将二者捆绑成一组。重复这一步骤，直至其中一个筐变为空筐（图 1-2）。

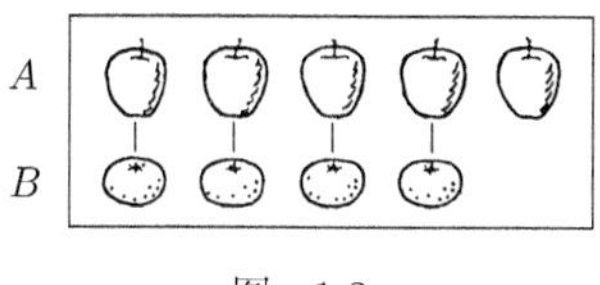

图 1-2

此时，如果另外一个集合中仍有剩余，那么该集合就比较大；如果两个集合同时变空，那么就可以判断出二者相等。这样一来，在不使用自然数这种思考方式的情况下，我们也能比较两个集合的大小。

我们必须注意到，在以上这种简单的方法之中，其实蕴藏着集合论中，更确切地说是贯穿于整个现代数学体系中的重要思想，即一一对应，也叫作一一映射。

把 A 筐中的一个苹果 a，和 B 筐中的一个橘子 b 连接起来就是一一对应或一一映射。我们将其称为贯穿于整个现代数学体系中的重要思想，这种说法很可能会使大家将其想象成一种极为复杂的概念，而实际上它如此简单。很多科学中最基本、最重要的原理都惊人地简单，一一对应也不例外。但是我希望大家注意到，这个概念异常简单，同时也意外地难理解。

下面就让我们列举两三个例子来对此进行说明吧。

例如，令聚集在一个房间内的所有人为集合 M，令挂在该房间衣帽架上的所有帽子为集合 N。此时，如果使 M 中的每个人与其所戴的帽子建立对应关系，那么就能得到从 M 到 N 的一一对应或一一映射。当然，此处的前提是该房间内没有“无帽主义者”，每个人都戴了帽子。

在这种情况下，虽然对应与映射表达的意思相同，但二者在语感上还是有一些细微差别的。映射给人的感觉像是把实物描绘到画板上一样，对应英语单词 mapping。之所以用这个词表示映射，可能是命名者将其与把实际的土地绘制到地图上的处理方式进行了比较，认为二者有共通之处。

既然说到映射，那么下面我们就来列举一个更加形象的例子吧。当在银幕上放映电影胶片时，令胶片上点的集合为 M（点有无穷多个）、银幕上点的集合为 N，那么此时也能得到从 M 到 N 的一一映射。

我认为，上面的例子已经简单阐述了一一对应或一一映射的概念。实际上，只要我们留意一下身边的事物就能发现很多实例，而这也正是我们的出发点。

我们看到，即使没有自然数的思考方式，通过运用一一对应的方法也能比较数的大小。不，其实大家仔细想想可能会注意到，一一对应正是自然数计数的基础。

数数的过程，无非是将所有包括有限个元素的集合，与自然数的集合 $\{1, 2, 3, \cdots\}$ 建立一一对应的关系。通过数数的方式比较两个集合的大小，相当于先让这两个集合与自然数的集合建立对应关系，然后再在自然数的基础上进行比较。这就好比在比较两根棍子的长度时，要先用尺子进行测量一样。相反，舍弃数数、直接进行一一对应的方法，则相当于把两根棍子直接并列在一起进行比较。

但是，当"忘数症"患者无法忍受对两个集合直接进行一一对应的比较时，他们会想出什么样的简便方法呢？

对于这个被空想出来的问题，或许我们能给出的最佳答案就是位于南非的某个部族所使用的计算方法，因为这个部族中的人，与患有“忘数症”的现代人的水平差不多。该部族以游牧为生，部族里的人虽然不用掌握表示较大数的数词，但是每天傍晚都必须有人确认数百只羊中是否有因为迷路而没能重返羊圈的羊，因此通常会有 3 名男子站在羊圈前“表演”他们一流的“数数”方法。在最开始时，每当有一只羊回圈，第一名男子就会伸出一根手指。每当第一名男子的十个手指全部展开时，第二名男子就要伸出一根手指，第一名男子再从一根手指重新开始数。同样，每当第二名男子的十个手指全部展开时，第三名男子就要伸出一根手指。3 名男子就是这样以伸展手指的方式来确认数百只羊是否全部回圈。或许应该说这是名副其实的“人体算盘”，不过也可以说，正是这种奇妙的算盘向我们完整地展示了从一一对应到自然数诞生之前的过渡阶段。

至此，我想向大家介绍一下康托尔对集合所下的定义。他将集合定义为：“把我们在直观或者抽象思维上可以加以区别的对象（称为集合的元素）整合为一个整体，这就称为集合。”

直观上的具体对象的集合，就像我们在前面列举的那些，例如苹果的集合、橘子的集合、人的集合、帽子的集合、羊的集合等。然而，列举抽象思维上的对象就有些麻烦了，比如一条直线上的点的集合。因为点既没有长度也没有宽度，我们无法用肉眼观察它，所以应该将点归入抽象而非具体的对象之中。另外，元素是指集合中的各个成员。

虽然在康托尔所做的定义中没有表现出来，但他的定义中的重点正在于无穷集合，这是不言而喻的。

集合论的要点，是利用一一对应的方法比较两个无穷集合的大小。这样来看，患有“忘数症”的人反而可能会比正常人理解得更快。比较两个无穷集合 A 与 B 的大小，可以使用与处理有限集合时相同的方法，即让 A 中的元素与 B 中的元素建立一一对应的关系。如果二者恰好一一对应，那么可以断定 A 和 B 中元素的数目是相同的。

如果集合 A 与 B 的元素，通过**适当的方法**恰好建立了没有剩余的一对一的对应关系，那么我们就称这两个集合具有相同的基数。（日语中也称两个集合具有相同的“浓度”，我觉得“浓度”一词并不是很合适，这里就不使用了。）基数的定义便是集合论的出发点。

如图 1-3 所示，有限集合 A 和 B 之间存在一一对应的关系，所以二者具有相同的基数，我们可以将这一基数命名为 4。不过，这两个集合间建立一一对应关系的方法并不唯一，而是有很多种。学习过“排列组合”计算方法的人应该都知道，其中的对应方法共有 $1 \times 2 \times 3 \times 4 = 24$ 种。

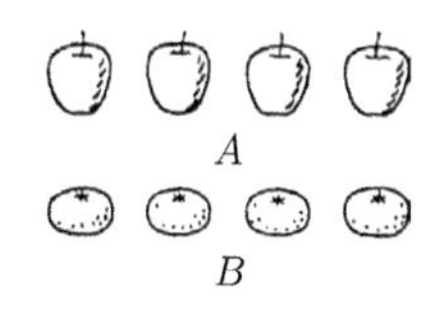

图 1-3

然而，无论通过这 24 种方法中的哪一种，最终得到的都是没有剩余的一一对应关系。只要从两个集合中逐一取出一个元素并建立一对一的关系，最后都能同时取光两个集合中的元素（图

1-4）。也就是说，对于有限集合而言，“适当的方法”这句话完全是多余的。如果在有限集合里出现因数数顺序的不同，而导致基数出现差异的状况，那么究竟会引发怎样的后果呢？果真如此的话，那么像《把 10 张千元纸币数成 20 张的秘诀》之类的书可能会大卖特卖吧。

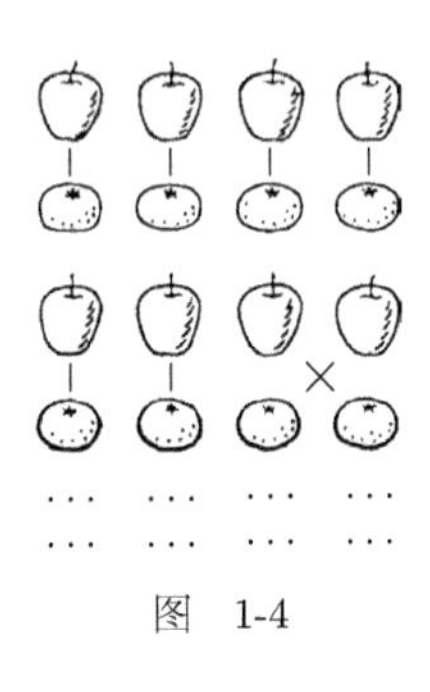

图 1-4

不过，这种不合理的现象，却会在无穷集合中出现。

这是因为在两个无穷集合之间，即使使用某种方法能让两个集合中的元素一一对应，没有剩余，但使用其他方法进行对应时，也会出现其中一方存在剩余的情况。对此心存疑虑的读者请看下面的实例。

当有无穷多个苹果和无穷多个橘子时，若要在苹果和橘子之间建立一一对应的关系，大家首先想到的对应方法应该都如图 1-5 的左图所示，这种情况下可以建立恰到好处的一一对应关系。

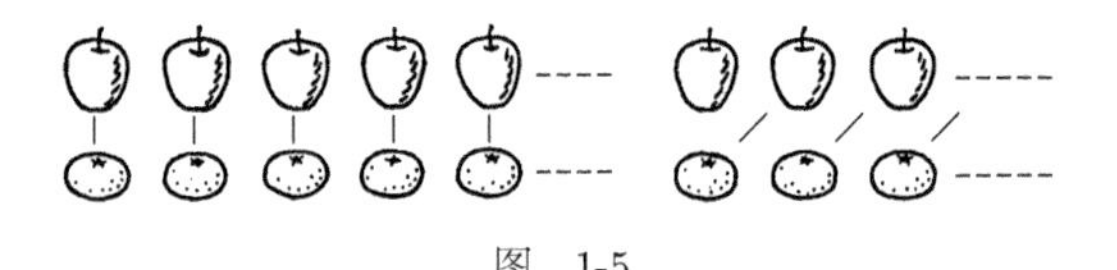

图 1-5

不过，如图 1-5 的右图所示，如果错开第一个苹果，从第二个苹果开始与橘子建立对应关系，那么在这种情况下会多出一个苹果。依此类推，无论是剩下两个、三个还是无穷多个苹果，应该都可以使用这样的方法轻松实现。通过这个实例我们可以认识到，“适当的方法”这句话在无穷集合中是必不可少的。

当我们把视线从有限集合转移到无穷集合，竟然看到了如此意料之外的风景。“入此门者，必当放弃一切希望。”——这是但丁在《神曲·地狱篇》的地狱之门上的一句话，而康托尔也许会在他的集合论之门上写下：“入此门者，必当放弃一切常识。”

首先颠覆我们常识的就是“部分等于全体”这一悖论。通过前面苹果与橘子的例子也能轻易想到这一点，下面再让我们一起来思考下面的例子吧。我们假设有一位拥有无数张千元纸币（面值为 1000 日元的纸币）的大富豪，他有两个孩子。关于遗产的继承，他留下了以下遗嘱：作为遗产，大儿子继承编号为奇数的纸币，二儿子继承编号为偶数的纸币。如此一来，两个儿子都会获得无数张千元纸币，他们会成为和父亲一样的富翁。从数学的角度来说，如果令自然数与是其 2 倍的自然数建立对应关系，那么全体自然数的集合与作为其一部分（子集）的全体偶数的集合也会形成一一对应。也就是说，它们具有相同的基数。

$$\begin{array}{ccccc} 1, & 2, & 3, & 4, & \cdots \\ \downarrow & \downarrow & \downarrow & \downarrow & \\ 2, & 4, & 6, & 8, & \cdots \end{array}$$

由于有限集合中完全不必担心发生这种情况，所以德国数学家戴德金（1831—1916）甚至想把“部分是否等于全体”定为区别有限集合与无穷集合的基准。

不过，最早发现“部分等于全体”这一点的并非康托尔。在一本早在1638年问世的书中就已经明确记载了这一点，这本书就是被誉为近代物理学之父的伽利略（1564—1642）的著作《两种新科学的对话》。

即使到了现在，该书中的对话内容也绝不会让读者丧失新鲜感。其中有一段对话如下所示。

萨尔维阿蒂：这是当我们企图以有限的心智来讨论无限，并将赋予有限的性质同样赋予无限时所产生的困难之一。但我认为这样做是错误的，因为我们无法判断两个无限的量孰大孰小或相等。要证明这一点，我用一个例子进行了推理，并且将采用问答的形式与提出这一难题的你讨论。我认为你当然知道什么数是平方数，什么数不是。

辛普利契奥：的确如此。平方数是由某一个数自乘后得到的数。例如4和9就分别是由2和3自乘后得到的平方数。

萨尔维阿蒂：很好。那么你也应该知道，这种乘积叫作平方数，而其因数叫作根；相反，由两个不同的因数相乘后得到的数则一般不是平方数。因此，假如我说包括平方数和非平方数在内的所有数比单独的平方数多，那么我说的就是真理，对吗？

辛普利契奥：当然是这样。

萨尔维阿蒂：更进一步来说，如果我问共有多少个平方数，那么你一定会告诉我，平方数的数目和相应的根的数目一样多，是这样的吧？的确如此。因为每一个平方数都有自己的根，每个根也有其自己的平方数，而且既不存在有一个以上的根的平方数，也不存在有一个以上的平方数的根。

辛普利契奥：确实如此。

萨尔维阿蒂：但是，如果我问总共有多少个根呢？你不能否认它的数目和所有数一样多，因为每一个数都是某个平方数的根。如此一来，我们不得不说平方数与根的数目是相同的。又因为所有数都是根，所以有多少数就有多少平方数……

如果用通俗的语言来表述伽利略在以上对话中想要表达的内容，那么无非就是自然数的集合与其子集——平方数的集合能通过以下方法建立一一对应的映射关系。

$$\begin{matrix} \{1 & 4 & 9 & 16 & 25 & \cdots\} \\ \updownarrow & \updownarrow & \updownarrow & \updownarrow & \updownarrow & \\ \{1 & 2 & 3 & 4 & 5 & \cdots\} \end{matrix}$$

伽利略意识到的困难，确实是与无穷相伴的本质性的难题。不过可以说，康托尔就是从伽利略意识到“有限的心智”对此无能为力的窘境出发而发起挑战的。

若能利用适当的方法，在两个集合 A 和 B 之间建立一一对应的关系，则 A 和 B 的基数相等。在此我们可以用如下符号对其进行表示。

$$\overline{\overline{A}} = \overline{\overline{B}}$$

在集合的上方加两条横线以表示集合基数的做法是由康托尔创立的，据说这样表示的理由是无视集合中元素的个性和顺序。也就是说，一条横线意味着一次抽象。

那么，当遇到无论如何都无法建立一一对应关系的情况时，我们又该做出怎样的处理呢？

即使尝试了各种方法都无法在集合 A 与集合 B 之间建立没有剩余的一一对应，这时，如果 A 与“B 的某个子集”之间存在一一对应的关系，我们也可以判定 B 的基数比 A 的基数大。

$$\overline{\overline{A}} < \overline{\overline{B}}$$

如此一来，除了有限集合以外，无穷集合之间也能比较基数的大小了。

说到无穷集合的基数，最接近我们日常生活的例子当然是全体自然数集合的基数，我们把这一基本集合的基数称为可数基数。古埃及人建造一座金字塔要历经数十年，他们用“举起双手跪在地上的人”表示一百万这个数，这极具艺术性。埃及人肯定把一百万视为接近无穷的巨大数，并对其怀有敬畏之心，然而繁忙的现代数学家却用非常索然无味的 $\mathfrak{a}$ 或是 $\aleph_0$ 这样的符号来表示无穷集合的基数。$\mathfrak{a}$ 是德语中表示可数基数的单词的首字母，$\aleph_0$ 则是在希伯来语中相当于 a 的阿列夫（aleph）一词之后添加上 0 的符号，读作“阿列夫零”。之所以将角标设为 0，是因为可数无穷在无穷中最小。不过，如果沿用埃及人那种以举起双手惊叹的象形文字来表示一百万的做法，那么用“惊讶到昏厥的人”的图表示无穷的基数 $\mathfrak{a}$ 也不为过吧。

最初把 $\aleph_0$ 这个希伯来语符号引进数学之中的“主谋”，仍然是康托尔。

根据某位热衷于统计的人士所做的相关研究，在全球发行的各类杂志中，刊载数学研究论文的杂志共计 800 余种。在新研究大量涌现的现代数学领域，论文中必然需要使用很多符号，然而我们仔细观察就会发现，其实仅使用拉丁字母、希腊字母和德语字母就足够了。不过，也许康托尔是认为旧瓶子装不下集合论这款新酒，所以才特意使用了希伯来语。然而他当时并没有接触过汉字，这真是令人感到有些遗憾。汉语中拥有数学发展千年都使用不完的文字，其实我是非常愿意在汉字输出方面助其一臂之力的。

如果基数为 $\mathfrak{a}$ 的无穷集合，也就是可数无穷集合，仅为自然数的话，那么就没有必要特意使用 $\mathfrak{a}$ 这个符号，甚至可能都不会产生“基数”这一构想。不过后来我们逐渐发现，基数为 $\mathfrak{a}$ 的无穷集合的数量多得惊人。

数学家若无其事地把 $1, 2, 3, 4, \cdots$ 这些数称为“自然数”。我们所学的数学都从自然数开始，这是毋庸置疑的。“自然数”除了表明这些数像自然本身那样古老以外，肯定还包含着这些数是未经人为污染的天然存在之意。在人类还未形成大规模部落的上古时代，我们的祖先只需要计算一个部落的人数和入冬前应该储备的果实数量等简单的数，因此可能只使用自然数就足够了。但是，随着越来越多的人聚集到诸如黄河和尼罗河等大河的河畔，开始耕作继而建立国家之后，人类就有了测量田地面积、测算庄稼产量和分配租税等需求，仅靠使用 $1, 2, 3, 4, \cdots$ 这些自然数就力不从心了。对除法和乘法运算的需求成为一种必然趋势，这也催生了便于在任何情况下进行除法运算的分数。因此，对于古代中国、古埃及、古印度和古巴比伦这样的农业大国而言，当时所需的数至少要到分数才行。由此可知，生产方式基本决定了数学的发展层次。由伽利略创立的近代物理学作为一种研究手段，推动了牛顿和莱布尼茨的微积分学的创建，至此，在分数之后出现的无理数就变得不可或缺了。

如果我们将这种发展方向延伸至现代，那么就能大致想象出在使用直径为 5 米的大型望远镜以及巨大回旋加速器的现代社会中，会用到多么复杂的数了吧？首先是自然数、分数、无理数……其次是复数、超复数、无穷基数、无穷序数以及狄拉克的 q 数等多种多样且不计其数的数。

但是，这就好比在已经发现了核能的现代社会中依然存在少数向往原始时代的人一样，在现代数学领域层出不穷的“人造数”的重压之下，也存在一个对自然数时代怀有难以抑制的恋旧情怀的数学家群体。在这些支持卢梭“回归自然数”的主张的复古主义者中，最为激进的数学家，当属与康托尔势如水火、难以达成和解的德国数学家克罗内克（1823—1891）。“神创造了整数，除此之外的数都是由人创造的。”——这句名言是克罗内克的信仰告白，他所说的整数应该只指自然数，因为除了包括 $1, 2, 3, 4, \cdots$ 这些自然数以外，整除还包含 0 和 $-1, -2, -3, -4, \cdots$ 这些“人造数”。

然而，我们若想停留在那个原始的、只需要使用自然数的纯粹世界，人类就必须放弃对未知世界的一切探索和研究，甚至要摧毁所有机器，回到“亚当的时代”。克罗内克流派“回归自然数”的主张，终究也只不过是一种反对“人造数”的现代数学家的幻想吧。

在 $1, 2, 3, 4, \cdots$ 这些自然数之后出现的是分数，分数的表达形式为自然数的比，例如 $\frac{1}{2}, \frac{2}{3}, \frac{5}{6}$ 等。如果特意选取 1 作为分母，那么分数将变为自然数。所以，全体自然数的集合是全体分数集合的子集。由于分母有无数个，可以为 $2, 3, \cdots$，因此，我们通常会认为分数要远远多于自然数。我们会觉得自然数与分数相比本身就是以卵击石，绝对是分数的数量更多。即使利用图形来思考，结果也是一样的。把自然数排列在直线上，相邻两个自然数之间均以 1 为间隔分散排列（图 1-6），而分数却密密麻麻地分布在直线上的所有位置上。如果要换一种更为严密的说法，那就是在直线上的任意位置无论选取多么短的线段，该线段内都包含着分数。从这一点来看，我们也会毫无疑问地认为分数的数量更多。但是在这里，我希望大家一定要再次回想起“放弃一切常识”这句警示语。也就是说，一定要记得全体分数的集合与自然数集合的基数同为 $\mathfrak{a}$ 的事实。

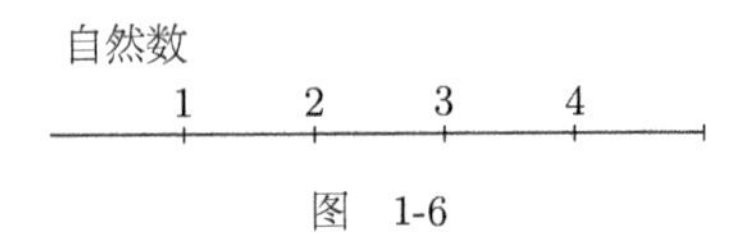

图 1-6

那么，为什么会出现这样的悖论呢？若想通过实验来验证这一点，则必须利用相当精妙的方法建立一一对应的关系。为此，我们可以想象出一个在横、纵两个方向上无限延伸的棋盘，并把分数摆放到棋盘上的格子中。首先我们尝试以分母的差异为标准，对分数进行分类。分母为 1 的分数排列在第一行，分母为 2 的分数排列在第二行……依此类推，最后所有的分数都摆放到了棋盘的每个格子中（图 1-7）。

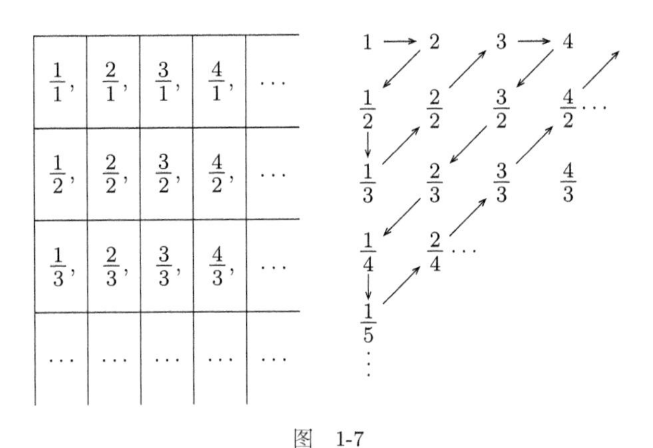

图 1-7

接下来，我们的工作就是在这个集合与 $1, 2, 3, \cdots$ 这个自然数的集合之间，建立一一对应的关系。换句更容易于理解的话说，这种对应关系就是要把全部标有 $1, 2, 3, \cdots$ 的号码牌逐一分配到棋盘上的格子中。如果从左至右逐行进行分配，那么仅在第一行就会用光所有号码牌，从第二行开始，之后的格子就都分不到号码牌了。有悟性的读者可能会立刻想出对策，例如像图 1-7 的右图所展示的那样，只要按之字形逐一“拜访”各个格子，分配号码牌就可以了。

另外，有人可能会稍微调整一下方案，想出图 1-8 中这样的线路。不过，这里的 $\frac{2}{2}$，$\frac{3}{3}$，$\cdots$ 实际上与 1 相同，所以可将其视为已经“拜访”过的格子而跳过。总之，利用这种方法可以在全体分数与全体自然数之间建立一一对应的关系，即根据基数的定义可知，这两个集合的基数均为 $\mathfrak{a}$。

$$\begin{array}{ccccccc}
1 & \rightarrow & 2 & & 3 & \rightarrow & 4 \\
 & & \downarrow & & \uparrow & & \downarrow \\
\frac{1}{2} & \leftarrow & \frac{2}{2} & & \frac{3}{2} & & \frac{4}{2} \\
\downarrow & & & & \uparrow & & \downarrow \\
\frac{1}{3} & \rightarrow & \frac{2}{3} & \rightarrow & \frac{3}{3} & & \frac{4}{3} \\
 & & & & & & \downarrow \\
\frac{1}{4} & \leftarrow & \frac{2}{4} & \leftarrow & \frac{3}{4} & \leftarrow & \frac{4}{4} \\
\downarrow & & & & & &
\end{array}$$

图 1-8

到此为止，就算是刚开始对此将信将疑的读者也不得不勉强认同这一悖论了。总的来说，无情的数学在此全然不顾读者那疑惑不满的神情，冷冰冰地向前迈着自己的步子。由于这些事实已经得到了证明，所以或许提出一切疑问都是徒劳的。但是，如果不能对“读者的疑惑从何而来”这一问题给出解释，那么就无法称之为贴心、细致的讲解。那么，接下来就让我来尝试探究读者产生疑惑的根源，其实这也是一个揭露集合论的根本性质的契机。

我们在日常生活中遇到的具体的集合到底是什么样的呢？例如一个家庭是以几个人为元素构成的集合，集合中的各个元素——每个家庭成员以亲子关系、夫妻关系、经济关系等相互关系为纽带联系在一起，形成一张复杂的关系网。假如有一个五口之家，集合论会将其视为基数为 5 的集合，这是不言自明的。另外，假设某一时刻有 5 名相互之间完全陌生的乘客同乘一辆电车，那么从集合论的角度来看，这 5 名乘客也能组成一个基数为 5 的集合。由于五口之家与 5 名乘客的集合确实可以在各个元素之间建立一一对应的关系，所以康托尔的集合论会将二者视为完全相同的集合。从本质上讲，家庭中的各个元素，也就是每个家庭成员之间的各种关系全都被忽视，五口之家单纯地被当作一个由毫无关系的 5 个陌生人组成的集合。如此刻意无视元素之间的关系正是集合论的主要特征。

下面让我们思考一下所含人数更多的集合的情况，比如国家。国家是一个由基数大到数千万人构成的集合，各个元素交织在一起形成一张巨大的关系网，其网眼是不计其数的。法律、经济、习惯、道德等各种关系将每个人都相互关联到一起，另外，在同一个国家中还有地区、职业和阶层的区分。现实中具体的国家大概就是这样的情况，而忽视以上所有的相互关系，仅考虑人口这一要素，可以说这就是集合论的观点。因此，即使政体、国体完全不同，只要两个国家人口相等，那么从集合论的角度来看这两个国家也是一模一样的，拥有五千万人口的高度有序的国家，与由五千万无序人口组成的人群没有任何区别。

下面再来举一个例子。这个例子出自《无穷的悖论》(1851)一书，其作者为捷克数学家波尔察诺(1781—1848)，他在诸多方面被视为康托尔的先驱者。

波尔察诺的例子如下。在比较一个完好的杯子与一个摔碎的杯子时，虽然二者确实都是由相同的物质构成的，但每块碎片，即各个元素的结合方式或者排列方式是不同的。此时可以将这种在与各个元素的结合方式或排列方式无关的前提下确定的概念命名为集合。

或许可以说，这种观点在某种意义上预见了康托尔的集合论。由于康托尔对集合所做的定义中没有叙述“与结合方式或排列方式无关”这一重要内容，因此添加了波尔察诺的解释后就能全面地解释集合的定义了。

与活生生的人一样，自然数的集合也具有其自身的相互关系，例如各个元素之间的大小关系，$1 < 2, 3 < 5, 10 < 15, \cdots$ 分数也是如此。

如果采用前面提到过的之字形对应法，那么它们的大小关系如何呢？让我们把分数排列在直线上，按照以下顺序对其逐一拜访吧（图 1-9）。

$$
\begin{array}{cccccc}
\frac{1}{1} & \frac{2}{1} & \frac{1}{2} & \frac{1}{3} & \frac{3}{1} & \cdots \\
1 & 2 & 3 & 4 & 5 & \cdots
\end{array}
$$

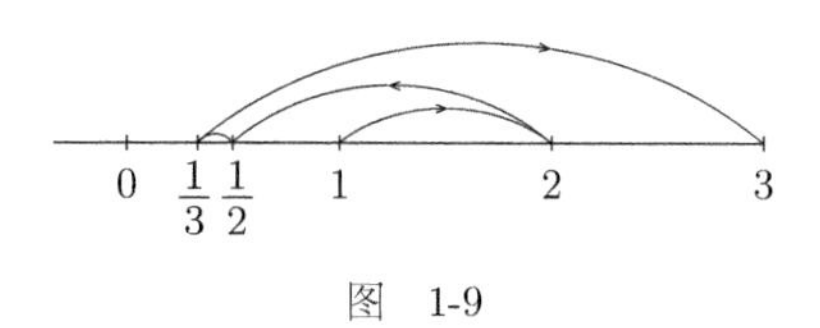

图　1-9

我们会发现，即使已经写到了第五个元素，拜访的方式也仍然极为杂乱，分数的大小关系完全被忽视了。因此，如果一一对应要求尊重数的大小关系，那么自然数与分数之间的一一对应是完全不可能成立的。总之，不得不说集合论的一一对应是一种粗暴且强硬的对应关系。

由于集合论中的一一对应如此强硬粗暴地无视集合内部的任何相互关系，因此可以说，基数是集合所有内部关系遭到破坏的情况下的唯一幸存者。

由此可见，可以说集合论才是数学中最抽象的一门学问。把康托尔送进精神病院的，难道仅仅是来自以克罗内克为首的数学家对其施加的来自外界的指责吗？想必事实并非如此。正如稀薄的空气折磨着攀登珠穆朗玛峰的登山者一般，折磨康托尔的或许是集合论具体性的欠缺吧。

通过以上内容我们了解到，把自然数扩展至分数无法得到大于 $\mathfrak{a}$ 的无穷基数。但是人类难以停止扩充数的脚步，因此研究者完全无视了克罗内克的谴责，无论如何都要创造出新的人造数。

根据毕达哥拉斯定理（勾股定理），我们熟知边长为 1 米的正方形的对角线的长度为 $\sqrt{2} = 1.414\cdots$ 米。但是，我们无论如何都无法用分数表示 $\sqrt{2}$ 这个数，这也是毕达哥拉斯不得不勉强承认的一点。如果因为 $\sqrt{2}$ 不是分数就不认可它是一个数，那么那些关于“正方形对角线长度”的表述就都会变得毫无意义了。因此，只要从事几何学的研究，那么除了 $+, -, \times, \div$ 四则运算以外，还必须准许进行$\sqrt{\ }$的运算。我们都知道，在求解二次方程时，使用$+,-,\times,\div$及$\sqrt{\ }$这几种运算方法就足够了。换句话说，我们必须给予几何学家求解二次方程这一最小限度的自由。那么，对于只能获得如此低限度自由的几何学家而言，到底能做什么又不能做什么呢？例如，求解类似于$\sqrt[3]{2}$这样的数的值，就变成了求解三次方程的问题，这就超出几何学家的能力范围了。另外，将任意角三等分的问题，也是仅能求解二次方程的几何学家所无法解决的。

如果让代数学家取代几何学家登场，那么会发生怎样的转机呢？代数学家的主要工作不仅仅是求解二次或三次方程，同时也全面覆盖了从四次、五次到形如

$$a_0x^n + a_1x^{n-1} + \cdots + a_{n-1}x + a_n = 0$$

的高次代数方程式，所以其自由度得到了空前的提升。在这个方程式中，系数$a_0, a_1, a_2, \cdots, a_n$均为已知数。如果我们无论何时都能解开以上这种$n$次方程式，那么也就在任何时候都能得到$n$次方根，这是因为系数可以取任意值。如果令$a_0 = 1$, $a_1 = a_2 = a_3 = \cdots = a_{n-1} = 0, a_n = -a$，那么在这种特殊情况下，方程式将变为$x^n - a = 0$，它的根则为$x = \sqrt[n]{a}$。

因此，除了$+,-,\times,\div$以外，如果准许“求解代数方程式”这种计算方法，那么我们不难想象到，利用上述手段可以由自然数得到更多人造数。数学家把利用这种手段得到的数统称为“代

数数”。我们可以将其定义为：当 $a_0, a_1, a_2, \cdots, a_n$ 均为正或负整数时，代数方程式

$$a_0x^n + a_1x^{n-1} + \cdots + a_{n-1}x + a_n = 0$$

的根就叫作“代数数”。由于这种数中包含了非常多类似于 $\sqrt{2}$ 和 $\sqrt[3]{5}$ 等形式的数，所以难免会让人认为它的数量明显比分数多。

为了说明代数数到底具有怎样繁多的种类，下面就让我们来看一个具体的实例吧。例如，$\alpha = \sqrt[3]{2-\sqrt{2}}$ 这个数也是一个代数数，只要将 α 变成一个系数为整数的代数方程式的根进行展示就可以了。首先将等式两边同时进行 3 次方运算，可得$\alpha^3 = 2 - \sqrt{2}$，

$$(\alpha^3 - 2)^2 = 2$$

$$\alpha^6 - 4\alpha^3 + 4 = 2$$

$$\alpha^6 - 4\alpha^3 + 2 = 0$$

最后等式的确转换成一个系数均为整数的六次方程。由于 α 确实是该代数方程式的根，因此 α 肯定是代数数。

我们从常识出发肯定会毫无疑问地认为，代数数的数量如此庞大，它的集合肯定要比可数无穷大，具有比 $\mathfrak{a}$ 大的基数。

然而，常识再次误导了我们。就结论而言，全体代数数为可数无穷，也就是说它的基数依然为 $\mathfrak{a}$。

证明代数数为可数无穷需要高难度的技巧，本书在此就将其省略了。代数数为可数无穷，即代数数与自然数一一对应——康

托尔的这一主张是震惊当时学术界的成果之一。

至此我们已经了解到，前文中出现的那些集合均具有相同的基数 $\mathfrak{a}$，自然数、分数以及个数看似更多的代数数都无一例外。那么，所有无穷集合的基数都是 $\mathfrak{a}$ 吗？事实并非如此。确实存在基数比 $\mathfrak{a}$ 大的无穷集合，而且在我们身边就有这样的集合，它就是一条线段上所有点的集合。

让我们使用数学家经常使用的反证法来证明线段上的点不是可数无穷吧。这种证明方法首先要假设与原命题相反的结论成立，然后推论出这个假设是荒谬的，继而得出原命题成立的结论。或许我们难以否认，这种做法给人一种极为讽刺和旁门左道的感觉。

培根说："实验就是拷问自然。"自然确实是一个我们用普通手段无法应付的家伙，不使用光谱仪、试管和手术刀等拷问刑具进行"逼供"，自然是不会吐露其秘密的。因此我们也无法否认，科学的确具有残酷的一面。数学的研究对象是数和图形等非生物，所以谈不上什么"拷问"，但反证法或许算是一种"诱供"行为吧。

言归正传，接下来就让我们使用反证法来证明，线段上的点无论如何都无法与 $1, 2, 3, \cdots$ 的自然数集合建立一一对应的关系。首先，按照反证法的一般思路，要先假设相反的结论成立，也就是假设线段上的点可以与自然数 $1, 2, 3, \cdots$ 之间建立一一对应的关系。此时，我们只要像把线段的长度设定为 1 那样，适当调整刻度，把线段上的点视为 0 和 1 之间的数就可以了。显而易见，点所表示的数均为十进制小数，如 $a = 0.1256482977\cdots$，如果分别赋予这些数 $1, 2, 3, \cdots$ 的编号，那么可以将其依次罗列出来。

1 号　0.**1**257032⋯

2 号　0.4**4**62397⋯

3 号　0.25**6**7843⋯

4 号　0.986**2**354⋯

⋯⋯

我们在此可以想象出一个能无限延伸且没有边界的棋盘，棋盘上的每个格子里都摆放着数字。接下来，我们要做的就是通过棋盘上的数字构造出没有出现在这个棋盘上的小数。首先让我们着眼于排列在对角线上的数字。从左上方到右下方依次排列着 $1, 4, 6, 2, \cdots$ 这些数字。在此，让我们设计一种非常残酷的“规则”，即先利用排列在对角线上的数字构造出 $0.1462\cdots$ 这个小数，然后再构造出与其各个数位上的数字均不相同的第二个小数，例如 $0.2573\cdots$（每一位都加 1），那么第二个小数就不会出现在棋盘上的任何位置。由于其小数点后的第一位数与 1 号小数不同，第二位数与 2 号小数不同，第三位数与 3 号小数不同⋯⋯所以棋盘上没有这个小数的容身之处。

不过，由于小数的表示方法有两种，例如有限小数 $0.2 = 0.1999\cdots$，因此只要事先将其统一就可以了。

也就是说，“线段上的点为可数无穷”这一假设不成立，反证法这一诱供手段成功了。康托尔把这种证明方法称为对角线证法。

通过以上证明可知，由线段上所有点组成的集合的基数比 $\mathfrak{a}$ 大，我们用 $\mathfrak{c}$ 来表示这个比 $\mathfrak{a}$ 大的基数。至此，关于无穷集合的部分性质逐渐浮出水面。原本被认为仅仅是有限的否定，不具备什么自身意义的无穷，居然也包含着大小阶层关系。康托尔的这一发现引起了巨大轰动。

前文解决了长度为 1 的线段的问题。事实上，即使将其长度扩展到整条直线，基数也不会变化。也就是说，直线上所有点的集合与长度为 1 的线段上的点的集合，具有相同的基数。我们可以使用下面的投影法进行证明。首先把长度为 1 的线段从中间折弯，如图 1-10 所示，将其置于直线之上，然后从 O 点进行投影。

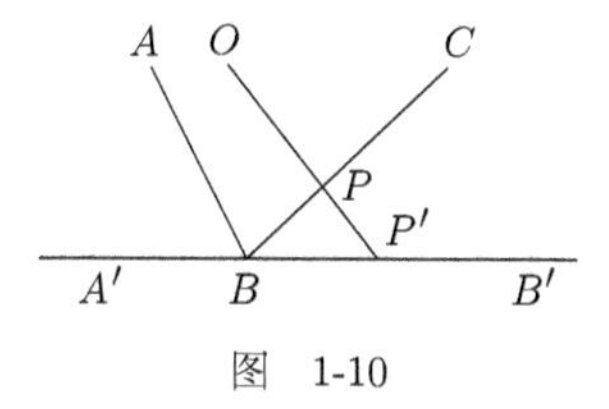

图 1-10

我们发现，从 P 到 P' 的对应为一一对应，由此可知线段 ABC 与直线 $A'B'$ 具有相同的基数。

下面让我们再次思考代数数的相关问题。

一条直线上的所有点，或者说所有实数的个数为 $\mathfrak{c}$。由于我们已知其中代数数的个数仅为 $\mathfrak{a}$，因此实数中应该包含不是代数数的实数。换句话说，无论整数 $a_0, a_1, a_2, \cdots, a_n$ 取何值，都存在无法满足代数方程 $a_0\alpha^n + a_1\alpha^{n-1} + \cdots + a_{n-1}\alpha + a_n = 0$ 的 α，我们把这样的 α 叫作超越数。“超越”一词似乎总会给人一种不现实的感觉，不过在此它仅表示“不是代数数的数”之意。我们从上小学时就很熟悉的圆周率 $\pi = 3.14159\cdots$，以及在微积分入门阶段出现的自然对数的底数 $\mathrm{e} = 2.718\cdots$ 等，这些数都是超越数。

由于代数数的基数 $\mathfrak{a}$ 比全体实数的基数 $\mathfrak{c}$ 小，所以实数中必然包含不是代数数的数，也就是超越数。我们要想证明这一点是非常简单的，但无法确认圆周率 π 和 e 是否为超越数。若想确认 π 和 e 是超越数，那么就必须证明它们不能满足任何整数系数代数方程。然而，代数方程的数量是无穷庞大的，我们无法逐一确认。

$$2x + 3 = 0$$

$$x^2 - 3x + 6 = 0$$

$$4x^3 - 5x^2 + 2x - 10 = 0$$

$$\cdots\cdots$$

因此，证明 π 与 e 的超越性需要高超的技术，而率先（1873 年）克服这一困难的是法国数学家埃尔米特（1822—1901），他证明了 e 是超越数。9 年后（1882 年），德国数学家林德曼（1852—1939）证明了圆周率 π 的超越性。当林德曼克服重重困难、终于达到目的时，那个顽固的复古主义者克罗内克却冷淡地说：“你对 π 的完美研究到底有什么用？为什么要研究那样的问题呀！原本明

明就不存在 π 这个数……”[1]

对于主张整数以外的所有数都是由人创造的克罗内克而言，π 和 e 都只不过是并不存在的“幽灵”吧。如果他承认存在 π 和 e，那么至少他那句“回归自然数”的口号，就变成了无法始终如一地去贯彻的空话。

尽管如此，我们也可以断定，仅为人类创造出整数的克罗内克的神，恐怕是太懒惰了，或者是太无知了。

虽然我们已经知道 $\mathfrak{c}$ 比 $\mathfrak{a}$ 大，但在 $\mathfrak{a}$ 与 $\mathfrak{c}$ 之间还有其他无穷基数吗？也就是说，到底有没有比 $\mathfrak{a}$ 大且比 $\mathfrak{c}$ 小的基数呢？对于这个疑问，康托尔给出了如下猜想：“可能不存在这种基数。”康托尔的这一猜想被称为“连续统假设”，至今它仍是数学界的一个未解之谜。

一条直线上所有点的集合的基数为 $\mathfrak{c}$，平面上的点要远远多于直线上的点，所以我们自然会觉得，平面上所有点的集合的基数应该比 $\mathfrak{c}$ 大。然而令人震惊的是，其实平面上所有点的集合的基数也是 $\mathfrak{c}$。下面就让我们来证明这个“违背常识”的结论吧。

利用法国数学家笛卡儿（1596—1650）的坐标系，我们可以把正方形上的点表示为由两个实数构成的一组数 (x, y)。若用小数表示 x 和 y，则为

$$\begin{cases} x = 0.a_1a_2a_3\cdots \\ y = 0.b_1b_2b_3\cdots \end{cases}$$

我们只要用某种方法在这两个小数与某个小数之间建立一一对应的关系就可以了。为此，我们每隔一个数位对两个小数进行组合，构造出小数 $z = 0.a_1b_1a_2b_2a_3b_3\cdots$。在此建立如下对应关系。

$$\left.\begin{array}{l} x = 0.\ a_1 \quad a_2 \quad a_3 \ \cdots \\ y = 0.\quad b_1 \quad b_2 \quad b_3 \ \cdots \end{array}\right\} \rightarrow z = 0.a_1b_1a_2b_2\ \cdots$$

这是从 (x, y) 到 z 的对应，从 z 到 (x, y) 的对应则可以用 z 的奇数位构造 x、偶数位构造 y，因此以上对应关系为一一对应。由此可知，正方形上的所有点的集合的基数同样为 $\mathfrak{c}$。[2]

前文中我们证明了线段上的点与直线上的点具有相同的基数，同样，我们也能证明正方形上的所有点的集合与平面上的所有点的集合具有相同的基数。这个任务就交给读者朋友们自行完成吧。

综上所述，平面上所有点的集合的基数为 $\mathfrak{c}$。

利用上述方法，我们确实可以证明直线和平面是一一对应的，但同时，我们也不能忘记，这种对应关系是在忽视点的顺序和间隔的前提下强行建立起来的。据说克莱因（1849—1925）在形容这一对应关系时曾这样开玩笑地说：

“这就像把平面上的点放进袋子里搅拌一样。”

由此可知，康托尔的一一对应还破坏了集合的维度。

那么，无穷基数仅为 $\mathfrak{a}$ 与 $\mathfrak{c}$，并不存在比 $\mathfrak{c}$ 更大的基数了吧？

然而，得出这样的论断是操之过急的，因为康托尔证明了“任何基数都有比其更大的基数”。

现在我们假设有两个人正在互相比较谁说出的数更大。在这种情况下，哪一方会胜出呢？如果后手足够聪明，那么自然会明白“先手必败，后手必胜”的道理，因为无论先手说出多么大的数，后手只要回答出一个“比这个数大 1 的数”就必定获胜。当参与比较无穷基数大小的竞赛时，如果先手说“……的集合 M 的基数”，那么后手怎样回答才能获胜呢？此时回答“在集合 M 中加 1 后所得集合的基数”已经不能胜出了，因为即使在无穷基数的基础上加 1，得到的无穷基数也不会比之前的无穷基数更大。这时后手可以这样作答：“由集合 M 的所有子集组成的集合 $\mathfrak{M}$ 的基数。”康托尔证明了这个由原集合所有子集组成的集合的基数，比原集合 M 的基数更大。

由于“所有子集组成的集合”这个构想非常抽象且难以理解，下面我们就以一个简单的实例对此进行说明。

假设有一个由 $1, 2, 3$ 这三个数字组成的集合 M。当然，此时 M 的基数为 3。我们可以将其写成 $M = \{1, 2, 3\}$ 的形式，大括号表示把各个对象整合为一个集合。此时我们可以罗列出 6 个 M 的子集，即

$$\{1\}, \{2\}, \{3\}, \{2, 3\}, \{3, 1\}, \{1, 2\}$$

另外还有不含任何元素的集合 $\{\ \}$，这样的集合叫作空集。再加上

M本身$\{1,2,3\}$，即M总共有8个子集。如果用$\mathfrak{M}$表示这个集合，则

$$\mathfrak{M}=\Big\{\{\ \},\{1\},\{2\},\{3\},\{2,3\},\{3,1\},\{1,2\},\{1,2,3\}\Big\}$$

该集合的基数为8。在这种情况下，由于$3<8$，所以$\mathfrak{M}$的基数确实比M的基数大。我认为学过排列的人应该都知道，若M的基数为m，则$\mathfrak{M}$的基数为2^m。

当然，对于一般的m而言，$m<2^m$显然是成立的，而康托尔进一步证明了无穷基数也具备同样的性质。其证明方法与前面介绍的对角线证法十分相似，可以说几乎是它的延伸和扩展。

让我们先来试试有限集合的情况。例如，假设基数为3的集合M与其子集的对应关系如下。

$$1\to\{2,3\},2\to\{1,2\},3\to\{2\}$$

此时，我们利用这种对应关系构造出没有在此出现的子集。我们先来看看与1对应的子集$\{2,3\}$中是否包含1。结论是不包含。依此类推，子集$\{1,2\}$包含2，而子集$\{2\}$却不包含3。如果用表格来表示这种关系，则结果如表1-1所示。

在表1-1的基础上，让我们试着构造出一个比较难以应付的子集，使其与表1-1所示的包含关系完全相反。这个子集即为$\{1,3\}$。

表 1-1

1	$\{2,3\}$	不包含
2	$\{1,2\}$	包含
3	$\{2\}$	不包含

这样的子集显然没有出现在以上对应表格中。因此，这个新构造出的子集，与 1 对应的子集 $\{2,3\}$ 是否包含 1 的关系，2 对应的子集是否包含 2 的关系，以及 3 对应的子集 $\{2\}$ 是否包含 3 的关系，都完全相反（表 1-2）。当然，之所以会出现这样的结果，是因为我们一开始就是这么设计的。

表 1-2

1	包含
2	不包含
3	包含

我们可以用完全相同的方法来验证无穷集合的情况。

由于该方法适用于无穷集合是显而易见的，所以在此我们暂且将证明过程省略，二者的不同之处仅在于后者表示对应关系的表格有无数行。另外，想必读者朋友们也已经发现了，该方法与对角线证法如出一辙。

读过以上证明过程的人可能会产生疑问："这种方法真的是一种能在数学领域中实际应用的证明方法吗？" 而且，进行上述证明完全不需要具备代数或几何的预备知识，只要具备逻辑思维能力就可以了，这种明显外行的方法可能会让各位惊讶不已。事实上，集合论中包含了很多类似的"外行式"的证明方法。

康托尔这个从 M 构造出 $\mathfrak{M}$ 的构想，又让我们想起了黑格尔"数是基数和单位的统一"的观点。不仅局限于数，一般的数学概念都具有多样性和单一性的双重性，而且可以说这二者是统一的。例如在前面的例子中，从 $\{1,2\}$ 是由 1 和 2 这两个元素构成的角度来看，其在 M 中具有多样性，而在 $\mathfrak{M}$ 中又具有作为一个元素的单一性。我们不得不说，数学发展的"发条"就隐藏在这些简单的事实当中。

综上所述，不论一个基数有多大，都有比其更大的基数存在，所以集合论是不会缺少研究课题的。如果无穷基数仅为 $\mathfrak{a}$ 和 $\mathfrak{c}$，那么集合论这门学科也就没有必要出现了吧。

就这样，正如有限基数从 $1, 2, 3, \cdots$ 到无穷大一样，无穷基数也是从 $\mathfrak{a}$ 到 $\mathfrak{c}$，再到无穷大。有限基数之间可以进行加法和乘法运算，同样，在 $\mathfrak{a}$ 和 $\mathfrak{c}$ 之间也同样可以进行 $+$ 和 $\times$ 的运算。在此，我们首先来为大家介绍一下加法运算。

以集合论的视角来看 $2+3$ 的运算，其含义如下：如果把基数为 2 的集合 A 与基数为 3 的集合 B 这两个集合合并成一个集合，就可以将其表示为 $A+B$。当然，这里的前提是 A 和 B 之间不存在相同的元素。此时 $2+3$ 就表示集合 $A+B$ 的基数。

如果直接把这个观点转移到无穷基数上来，那么当两个没有相同元素的无穷集合 M 与 N 的基数分别为 $\mathfrak{m}$ 和 $\mathfrak{n}$ 时，二者合并后的集合 $M+N$ 的基数就可以确定为 $\mathfrak{m}+\mathfrak{n}$。根据这一定义，$\mathfrak{a}+\mathfrak{a}$ 的情况如何呢？现在，我们假设有一个由全体奇数组成的集合 M 和一个由全体偶数组成的集合 N，

$$M = \{1, 3, 5, 7, \cdots\}$$

$$N = \{2, 4, 6, 8, \cdots\}$$

将以上两个集合合并后可得到集合 $M+N = \{1, 2, 3, 4, 5, \cdots\}$。由于 M 与 N 的基数均为 $\mathfrak{a}$，因此 $M+N$ 的基数也是 $\mathfrak{a}$，所以最

终相当于得到了 $\mathfrak{a}+\mathfrak{a}=\mathfrak{a}$ 的结果。这个等式也是集合论的悖论之一，对于除 0 以外的任意有限基数来说，这都是绝对不可能成立的。

另外，对于乘法 $\mathfrak{a}\cdot\mathfrak{a}=\mathfrak{a}$，我们利用在处理分数时使用的、按之字形逐一拜访排列在正方形中的数的方法，就能验证 $\mathfrak{a}\cdot\mathfrak{a}=\mathfrak{a}$ 是成立的（图 1-11）。

• • • • ………

• • • • ………

• • • • ………

• • • • ………

…………………

图 1-11

罗列出以下运算结果后，大家肯定会发现，无穷的算术反倒比有限的算术简单。

$$\mathfrak{a}+\mathfrak{a}=\mathfrak{a}$$

$$\mathfrak{a}\cdot\mathfrak{a}=\mathfrak{a}$$

……

一般情况下，对于两个无穷基数 $\mathfrak{m}$ 与 $\mathfrak{n}$ 而言，如果 $\mathfrak{m}$ 比 $\mathfrak{n}$ 大或与 $\mathfrak{n}$ 相等，那么它们的和与积就等于 $\mathfrak{m}$。如此一来，事情就会变得非常简单，我们也就没有必要重新学习无穷的“九九乘法表口诀”了。若 $\mathfrak{m}\geqslant\mathfrak{n}$，则

$$\mathfrak{m} + \mathfrak{n} = \mathfrak{m}$$

$$\mathfrak{m} \cdot \mathfrak{n} = \mathfrak{m}$$

与做加法时进行的合并运算同样重要的，是构造相同子集的运算（交集）。我们用 $A \cdot B$ 来表示两个集合 A 和 B 共同包含的所有元素，于是酷似数的乘法的运算便应运而生了（图 1-12）。不过，基数的乘法还须另当别论。

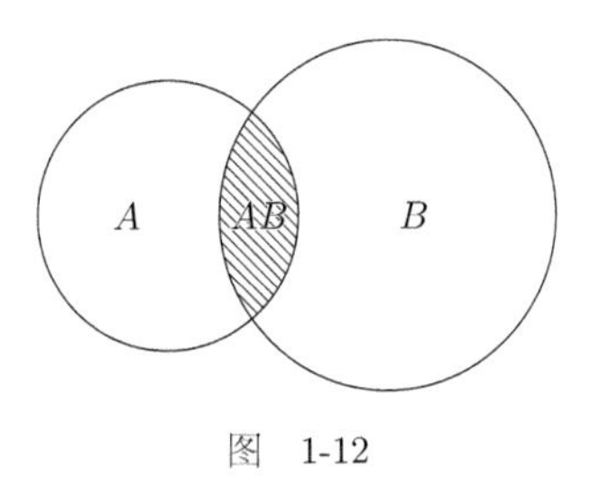

图　1-12

我们熟知，对一个集合 M 中的子集进行合并，共有两种运算方法能够从中获取相同的元素。前者类似于数的加法运算，而后者则类似于数的乘法运算。我们把具有以上两种运算的结构叫作布尔代数，它是以最初创立该理论的英国数学家布尔（1815—1864）的名字命名的。

如果这种独特的代数是由经常出入各类学术机构的学者创立的，那么也就没有什么不可思议的了。然而，布尔与同一时期电磁学的开拓者法拉第（1791—1867）一样，都是未曾接受过正规学校教育的研究者。

德国数学家莱布尼茨（1646—1716）早就思考过利用数学运算来实现人类的逻辑思维的问题。可以说，让莱布尼茨的这一梦想变成现实的正是布尔。最近，随着格的理论的发展，由自学成才的布尔提出的这一打破常规的代数的重要性，终于得到了认可。在群论中，字母可以表示“作用”，像 $a, b, \cdots$ 这样原本在代数中表示数的符号，可以去表示某些概念或命题。

通过前文的介绍，各位读者应该已经了解了康托尔集合论的基本方向。

集合论破坏了在所有具体的集合中元素间应该具备的相互关系，即元素的“社会性”，把集合变成了元素间不存在任何联系的“陌生人人群”。集合遭受了毁灭性的破坏，基数则幸免于难。在集合这个社会中爆发了最彻底的革命——个人主义革命。虽然摧毁了一切社会性，但这是一场唯独个人（即元素）的生命得以保全的“不流血的革命”，所以在新社会中仅有人口（基数）保持不变。

集合论中的集合是一个非常抽象的概念，这是不言而喻的。不过，对于集合论而言，如果要将这种登上抽象顶峰的现代数学，应用到具体的自然或社会研究之中，那么绝不能只停留在集合论的立场而停滞不前。因此，数学的发展方向不得不重新转向具体化。

现代数学的下一个课题，就是恢复被集合论切断的各元素间的相互关系，也就是社会性，把集合从单纯的“陌生人人群”再次重构为社会。抽象代数学和拓扑学承接了这项任务。

抽象代数学为集合引入的相互关系被称为结合，而拓扑学研究的则是集合在某种意义上的远近关系。

我将在后面的章节中对此进行讲解。

第 2 章　“事物”与“作用”

“人类设法消遣是为了不去思考死亡和悲苦。”

法国数学家帕斯卡（1623—1662）也曾说过意思与之类似的话。结合诸如围棋、象棋、扑克牌等消遣方式来看，各位肯定会觉得这句话确实言之有理。然而，笃信宗教的帕斯卡又会对数学持有怎样的看法呢？在其著作《思想录》中有一句自白，说他是在虚荣心的驱使下才埋头于数学研究。看来，数学家那无罪的虚荣心也无法逃脱帕斯卡敏锐的双眼。

帕斯卡从少年时期开始就被人们称为非凡的数学天才，然而他却在31岁时陷入了对宗教的狂热而与世俗脱离了一切关系。对于世界数学史而言，这真是不可估量的损失，因为帕斯卡几乎与数学断绝了联系。或许对他来说，数学也只不过是为了回避严肃的死亡与生存的悲苦而进行的消遣而已。

然而在帕斯卡36岁时，他不得不重新拾起数学这种消遣方式。有一天夜里，他牙痛难耐，为了转移注意力而思考了一个数学问题。后来，对这个问题的相关思考以《致外省人信札》的形式发表，这篇文章最终成为数学史上一篇不朽的名作。为了忘却死亡与悲苦（也包含牙疼）而撰写的这篇论文，却在无意间肩负起了重要的使命。这篇论文，正是后来激发了莱布尼茨创立微积分学的灵感来源。

我们暂且不论帕斯卡是怎么想的，不可否认的是，数学的确具有与围棋、象棋之类的智力游戏相似的一面。当然，所有数学家肯定都会无一例外地反对把数学看作一种单纯消遣的观点。

我们以日本的将棋[1]为例进行探讨。如果想下将棋，那么首先必须准备 40 枚棋子和一张棋盘。当将棋的规则尚未确定时，棋子和棋盘组成的只不过是基数为 41 的木块集合。集合中的各个元素，也就是木块之间没有任何联系。如果非要寻找它们的关系的话，那么它们之间大概也只是具有"'王将'既不是'角'也不是'步'"这种最低限度的区分关系了吧。

不过，一旦确定了能描述棋子和棋盘关系的将棋规则，情况就会变得完全不同。各个元素不再是集合论的元素，而是变成了一种"作用"，或者是某种能承载相互关系的载体。也就是说，由木块组成的"陌生人人群"进化成了由棋子和棋盘构成的"社会"，而将棋规则就相当于"社会"中的宪法。例如，当我们说到"桂马"时，指的其实并不是这种棋子的形状或者材料，而是指具有这种走法的棋子。此时我们并不在意桂马的质地是黄杨木还是象牙，抑或是盲人将棋选手在头脑中构想出的某个意象。问题的关键并非在于"桂马是什么"，而在于"桂马怎么走"。也就是说，重点不是"是什么"（what），而是"怎么样"（how）。

"数学是这样一门学科，这门学科我们既不知道它说的是什么，也不知道它说得是否正确。"

这句名言出自英国数学家伯特兰・罗素（1872—1970）之口。虽然乍一听起来这好像是一个悖论，但如果添加上"问题不在于

① 流行于日本的棋类游戏，也称日本象棋。

是什么（what）而在于怎么样（how）”的注解，那么这句话要表达的意思就非常明确了。

罗素的这句名言的确彰显了数学，特别是现代数学的主要特征。不过，这种听起来像是悖论的表达方式可能会带来种种误解，或许还需对其进行若干补充说明。

相对于以“是什么”为主要研究课题的数学以外的科学而言，注重“怎么样”的侧面则是数学的任务，这是不争的事实。不过，这绝不意味着数学要轻视甚至无视“是什么”的问题。如果数学家忘却与其他科学建立联系，仅沉浸在自己的世界里，那么等待他们的就只能是与现实毫无关系的海市蜃楼。我们不得不说，这里的确潜藏着数学面临的特有危机。

在遭受了康托尔的集合论摧毁之后的废墟上，新的代数学建立起了“结合”这种新型的相互关系。

那么，结合到底是什么呢？首先，让我们顺着克罗内克的主张，从最熟悉的、由全体自然数构成的集合开始讲起吧。

$$M = \{1, 2, 3, \cdots, 10, \cdots, 100, \cdots\}$$

如前文所述，从集合论的角度来看，集合 M 构建了一个基数为 $\mathfrak{a}$ 的无穷集合。但 M 也只能算得上是一个仅具有相应特征的集合。第一，M 中的元素可以进行自然数之间相加的运算。当我们说 $2+3=5$ 的时候，即使是小学生也都知道是什么意思。不过，在这里要想解释“结合”的意思，就需要稍微变换一下角度了。

我们可以把 $2+3=5$ 这个等式中的 5，看作是 2 和 3 结合后产生的“第三者”。此时，我们暂且不问为什么 2 和 3 结合后能得到 5，而只是将这一过程理解为在某种固定的法则下产生了“第三者”5。或者我们可以这样认为，M 中规定了一种固定法则，即集合 M 中的两个元素 2 和 3 的结合对应了第三个元素 5。我们暂时先不过问

$$1+1=2, 1+2=3, \cdots, 5+4=9, \cdots$$

等无数个类似的等式为何出现，以及它们是否正确，而是仅以打字员那种忠实地复制原文的态度来看待这些等式。由于我们感兴趣的是两个元素在某种法则下结合产生第三个元素这一点，所以我们可以把其中的符号“+”去掉，写成下面这样的形式可能会更好一些。

$$(1,1) \to 2,\ (1,2) \to 3, \cdots,\ (5,4) \to 9, \cdots$$

依据无数个这样的式子，M 中可以规定出一种结合。

在代数学中，两个个体结合后能产生第三个个体，从这一点来看，可以说这种“结合”类似于高等动物的繁殖行为。研究具有这种结合的集合的结构，就是抽象代数学这门新代数学的主要任务。

不过，为了不让那些在学校里学习过“代数”（已被统称为“几何代数”）的读者产生不必要的不安情绪，我认为有必要事先解释一下。难道这里所说的抽象代数学与“几何代数”中的“代数”毫无关系吗？当然不可能。二者只是在思考角度、研究重点

以及视野广度上存在差异。也就是说，$a, b, c, \cdots$ 这些字母在以前的代数中充其量表示普通的数，而在新的代数学中，字母不仅可以代表数，还可以表示“作用”“概念”“命题”等。另外，$+$ 和 $\times$ 等“结合”也可以视情况进行自由规定。

在以前的代数中，$a + b$、$a \times b$ 都只不过是对自古以来的加法和乘法的临摹，而在抽象代数学中，这些运算则被认为是，元素之间的相互关系遭受集合论破坏之后，所产生的众多不同的结合方法中的某一种。

让我们通过一个浅显的实例，来阐明这种新的代数学的思想特征吧。

这是一个很常见的例子，即“三者互相牵制”的关系。为了具体描述这种关系，在此我们可以举出“蛇、青蛙、蛞蝓”的实例。这个集合的基数为 3，为了便于直观地理解三者之间的“强弱”关系，我们可以用符号 $>$ 来表示，此时可以得到图 2-1 中的图 (a)。

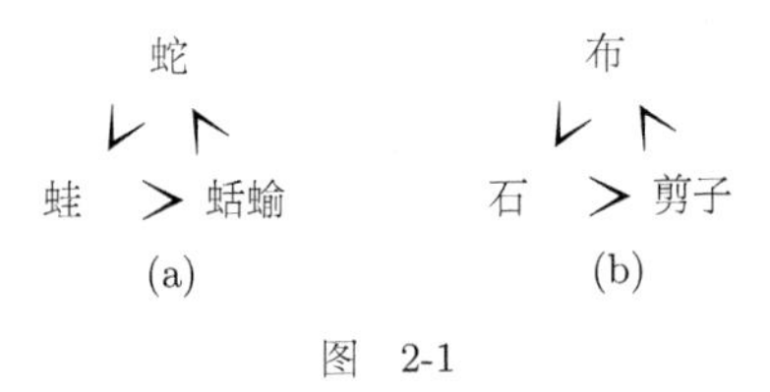

图 2-1

除了以上实例，我们还可以再举一个“三者互相牵制”的实例（图 2-1 的图 (b)），以便进行比较。这个例子就是大家都知道的“猜拳”游戏——“石头、剪子、布”。

下面让我们来比较一下这两个实例吧。首先，当我们忽视它们之间的相互关系，只着眼于它们分别“是什么”的时候，即使把蛇与布、青蛙与石头、蛞蝓与剪子两两排列起来，也不过是将两个完全没有关系的事物摆在一起罢了。

然而，当我们关注在它们之间“具有怎样的相互关系”时，结果就大有不同了。可以说，图 2-1 中的 (a) 和 (b) 完全属于同一种用 $>$ 表示相互关系的类型。接下来让我们以第二种视角来看看它们的整体情况。

从这一角度来看，关键并不在于蛇、青蛙、布、石头等元素的“个性”，而在于这些元素间用符号 $>$ 表示的相互关系，也就是元素之间的“社会关系”。因此在分析“三者互相牵制”这类关系的重点时，各个元素的个性不仅无用，而且反倒变得非常碍事。各个元素只充当由符号 $>$ 构建的相互关系网中的网眼。实际上，最能体现这种“三者互相牵制”关系的是图 2-2 中的左图。但是，我们不能仅用符号 $>$ 来表示这种关系类型本身，为了“占地方”还必须在其中添加内容来支撑这种关系。因此，数学家特意使用了没有个性的字母。

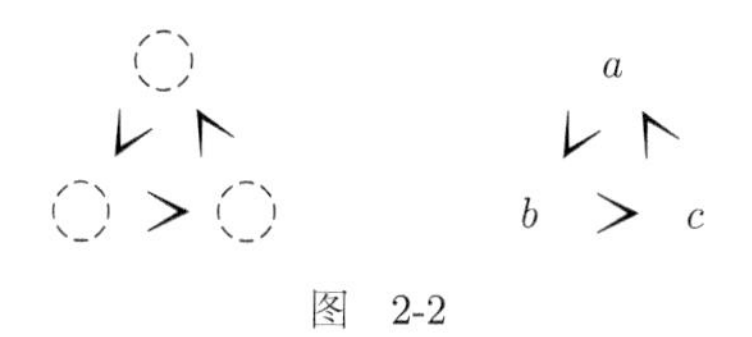

图 2-2

a、b、c 等字母除了“互不相同”这种最低限度的个性以外，不具备任何的其他个性。于是，用符号表示一切的代数学的符号主义便应运而生了。

事实上，并非只有代数学家提倡符号主义，随时使用符号也是数学家惯用的一种手段。不过我们不得不承认，这种枯燥乏味的做法，在让数学丧失吸引力上，确实立下了“汗马功劳”。如果小说作家将在其作品中出现的人物名字设定为 a、b、c 或 x、y、z 等符号，恐怕大部分读者都会把这本小说扔掉吧。用符号取代本名来称呼人物，这是一种无视人格的做法，可能会让人想到监狱里用编号称呼所有囚犯的方法。但是，把代数学的符号主义与监狱中的符号主义进行类比，还是有些不妥的。可以说，代数学奉行的符号主义，更类似于酒店中的符号主义，是为了欢迎所有来宾才用编号或符号来为每个房间命名的。之所以这样说，是因为与其说代数学中的字母和符号是某种“事物”，不如说它更像是可以让所有事物自由出入的一个房间。

我们刚才得出的结论是，图 2-1 中的两个实例 (a) 和 (b) 具有相同的强弱关系。那么，具体该怎么做才能确认二者属于同一类型呢？当然夸张地讲，如果 (a) 和 (b) 能够完全重合，那么就证明二者属于同一类型。也就是说，让蛇与布、青蛙与石头、蛞蝓与剪子两两重合，此时只要 $>$ 的配置也相同就可以了。当然第一个对应是康托尔的一一对应，这里的一一对应也涵盖了其中的 $>$。

不过，即便是相同的一一对应关系，我们也能发现图 2-3 中右边的对应方式打破了 $>$ 的配置。因为在这个对应关系中，青蛙和蛞蝓的强弱关系，与剪子和石头的强弱关系是相反的。

蛇→布	蛇→布
青蛙→石头	青蛙→剪子
蛞蝓→剪子	蛞蝓→石头

图 2-3

那么，我们不妨像下面这样将其推广为一般情况。

一般情况下，对于集合中各元素之间具有某种相互关系的两个集合而言，如果二者能够建立不改变这种相互关系的一一对应，那么这两个集合就是同一类型的，而这种一一对应则被称为“同构对应”或“同构映射”。图 2-3 中右边的对应没有改变“三者互相牵制”的关系，所以从集合 { 蛇，青蛙，蛞蝓 } 到集合 { 布，石头，剪子 } 的映射就属于同构映射。而左边的对应虽然是一一对应，却不是同构映射。

如果三者之间的强弱关系如图 2-4 所示，那么是无论如何都无法与“三者互相牵制”的集合建立同构对应的。

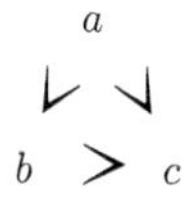

$$\begin{array}{ccc} & a & \\ \swarrow & & \searrow \\ b & > & c \end{array}$$

图 2-4

两个同一类型的集合，可以被类比为人口相等且政体相同的两个国家；而基数相等但不属于同一类型的集合，则类似于人口相等但政体不同的两个国家。代数学的主要关注点就是集合的“政体”。

最能体现代数学这一特性的是群的理论。除群以外，代数学的研究对象还包括环、域、格等重要领域。下面就让我们选取最典型的群论进行讲解吧。

从数学史的角度来看，群在数学领域中最初是以“作用”“变化”“运动”等概念的形式出现的。

在此我们不得不提到群的发现者——法国数学家柯西(1789—1857)。不过，最早认可群的重要性，并在整个数学界掀起一场革命的人，正是英年早逝的法国数学家埃瓦里斯特·伽罗瓦。

首先让我们从最容易掌握的例子入手吧。有一个由 $1, 2, 3$ 这三个数字组成的集合，我们假设这三个数字以 $1, 2, 3$ 的顺序排列。若调换数字的顺序，则共有 $3! = 1 \cdot 2 \cdot 3 = 6$ 种不同的排列方式，学过排列组合的人应该对此非常清楚。因此，一共有 6 种调换 $1, 2, 3$ 这三个数字排列顺序的方法。我们在此用以下书写格式来表示数字的调换方式。例如，若把1换成3，把2换成1，把3换成2，则可将其如下表示。

$$\begin{pmatrix} 1\,2\,3 \\ 3\,1\,2 \end{pmatrix}$$

这种形式表示的意思是“用下面的数字置换上面的数字”。这样的置换方法总共有 6 种，在此我们分别将其命名为 $a_1, a_2, a_3, a_4, a_5, a_6$。

$a_1, a_2, \cdots, a_6$ 这些字母在这里表示某种“作用”“变化”等概念，它们既不是数也不是图形。在群论出现之前，数学家的研究对象仅限于数和图形，因此它们是不可能用字母来表达除此之外的东西的。伽罗瓦之前的数学家可能做梦也不会想到，既不是数又不是图形的“作用”等概念会成为数学的研究课题，但群打破了这一限制。

$$a_1 = \begin{pmatrix} 1 & 2 & 3 \\ 1 & 2 & 3 \end{pmatrix}$$

$$a_2 = \begin{pmatrix} 1 & 2 & 3 \\ 2 & 3 & 1 \end{pmatrix}$$

$$a_3 = \begin{pmatrix} 1 & 2 & 3 \\ 3 & 1 & 2 \end{pmatrix}$$

$$a_4 = \begin{pmatrix} 1 & 2 & 3 \\ 1 & 3 & 2 \end{pmatrix}$$

$$a_5 = \begin{pmatrix} 1 & 2 & 3 \\ 3 & 2 & 1 \end{pmatrix}$$

$$a_6 = \begin{pmatrix} 1 & 2 & 3 \\ 2 & 1 & 3 \end{pmatrix}$$

在现代数学中尤为形成明显对立关系的是“事物”和“作用”的概念。当然，正如“某种‘事物’发生了某种‘作用’”这种表述形式，二者在数学中必然是对立的。我们不得不说，伽罗瓦的光辉业绩在于，他把这种“作用”以非常明了的形式纳入了数学之中，使其成为贯穿数学整体的指导性原理。

接下来，我们把以上 6 种置换的“作用”全部集中起来，构建一个集合 $G = \{a_1, a_2, a_3, a_4, a_5, a_6\}$。总之，由于 G 的各个元素是“抽象思维上可以加以区别的对象”，所以它确实符合集合的定义。不过，G 并非铅笔或人等“事物”的集合，而是“作用”的集合。

下面，让我们来一起思考存在于这 6 种“作用”之间的一种特别的乘法运算吧。例如，先发生 a_3 的作用再发生 a_4 的作用会产生怎样的结果呢？

$$\begin{array}{c} \quad a_3 \quad a_4 \\ 1 \to 3 \to 2 \\ 2 \to 1 \to 1 \\ 3 \to 2 \to 3 \end{array}$$

结果为 $\begin{pmatrix} 1\,2\,3 \\ 2\,1\,3 \end{pmatrix}$，即 a_6。也就是说，发生 a_3 后接着发生 a_4，这两次作用产生的结果，与只发生一次 a_6 的作用所产生的结果相同。我们可以这里约定，把这种情况用乘法的形式如下表示。

$$a_3 a_4 = a_6$$

这种乘法运算共有 $6 \times 6 = 36$ 种，我们可以通过表 2-1 一目了然地确认运算结果。

表 2-1

	a_1	a_2	a_3	a_4	a_5	a_6
a_1	a_1	a_2	a_3	a_4	a_5	a_6
a_2	a_2	a_3	a_1	a_5	a_6	a_4
a_3	a_3	a_1	a_2	a_6	a_4	a_5
a_4	a_4	a_6	a_5	a_1	a_3	a_2
a_5	a_5	a_4	a_6	a_2	a_1	a_3
a_6	a_6	a_5	a_4	a_3	a_2	a_1

$a_1 a_1 = a_1$

$a_2 a_3 = a_3 a_2 = a_1$

$a_3 a_2 = a_2 a_3 = a_1$

$a_4 a_4 = a_1$

$a_5 a_5 = a_1$

$a_6 a_6 = a_1$

可以说这个表类似于 G 的“九九乘法表”。但是，尽管我们称其为“九九乘法表”，但该表实际上却与普通的九九乘法表之间存在着很大的差异。其中有一点差异在于，一旦改变 G 的乘法运算的顺序就会得到不同的结果。例如 $a_4a_5 = a_3, a_5a_4 = a_2$，两则乘法运算的结果确实不同。通过该表我们可以得知以下内容。

（1）G 中任意两个元素相乘得到的结果都包含在 G 内，不会超出 G 的范围。

（2）集合中存在某个元素，其他元素与它相乘后仍保持不变。G 中的 a_1 就是这样的元素。由于我们在最初规定 a_1 为 $\begin{pmatrix} 1\,2\,3 \\ 1\,2\,3 \end{pmatrix}$，所以它势必是一个完全没有变动任何数字的“无为的作用”。我们将这样的元素叫作“单位元”，通常使用符号 e 来表示。虽然单位元在群中属于一种无为的作用，但它却是最重要的元素。这种性质可能是像老子那样的哲学家喜闻乐见的。

（3）这个集合中必然存在一个元素，该元素能使其他元素与之相乘后结果为 a_1（单位元）。例如表 2-1 右侧的内容就显示出了这一点。我们将这样的“作用”称为逆元素或者逆元，并且将其用 ${a_1}^{-1}, {a_2}^{-1}, \cdots$ 的形式表示。我们可将以上各个元素写成以下形式。

$$ {a_1}^{-1} = a_1, \quad {a_2}^{-1} = a_3, \quad {a_3}^{-1} = a_2, $$
$$ {a_4}^{-1} = a_4, \quad {a_5}^{-1} = a_5, \quad {a_6}^{-1} = a_6 $$

这是与原来的“作用”正好相反的“作用”。

（4）三个元素的乘积不会随着括号位置的改变而发生变化。例如

$$(ab)c = a(bc)$$

$$(a_2a_4)a_6 = a_5a_6 = a_3$$

$$a_2(a_4a_6) = a_2a_2 = a_3$$

都成立。这个规则对于任意三个元素 a, b, c 都成立，我们将这一规则称为结合律。

我们通过实际验证，可以确定以上四个条件在 G 中都是成立的。我们将满足这些结合规定的集合叫作群（group）。

正如这个例子所示，群最初是以作用、变化、运动等概念的集合的形式出现的。不过，如果我们从更广的角度理解它的定义，那么就可以说，群是具有某种由结合定义的符号的集合。关于群 G 的定义如下。

（1）G 是被称为元的元素的集合，其中定义了结合 $\varphi(a, b)$。

（2）存在满足 $\varphi(e, a) = \varphi(a, e) = a$ 的单位元 e。

（3）对于任意的元 a，存在满足 $\varphi(b, a) = \varphi(a, b) = e$ 的逆元 b。

（4）结合律成立。

$$\varphi(\varphi(a, b)c) = \varphi(a, \varphi(b, c))$$

这个一般定义中的结合 φ，并非仅指前面的例子中提到的“发生两次作用”，我们可以把它看作一个标志，意味着具体出现

它的群为“作用的集合”。

关于群的定义，值得注意的一点是对单位元 e 的规定。当然，e 相当于数的乘法运算中的 1。1 这个数是将 1 只、1 根、1 个等无数具体的事物抽象化后得到的，它具有明显的独立个性。即使没有 $2, 3, 4, \cdots$ 我们也能构想出 1。但是，如果把群的单位元 e 从其他元素中剥离出来，那么它仅具有 e 这个字母本身具有的含义。这是因为，我们规定其他元素与 e 相乘后的结果仍然是该元素本身，而这一规定成立的前提是存在其他元素，即只有与其他元素结合才能体现出 e 的特征。虽然这种说法听起来有点像一个悖论，但是 e 的个性就隐藏在它的“社会性”之中。

关于这一点，其实并非仅局限于 e，群中其他元素也是如此。只要各个元素脱离了群这个社会，就会沦为单纯的符号，而只有处在群这个社会之中，它们才能发挥出各自的个性。

群就像一个被有机地组织起来的社会，一旦从中随意剔除元素，剩下的集合就不再是群了。例如从群 G 中剔除单位元，它就丧失了作为群的资格，变成了一个基数为 5 的集合。这就好比从某句精彩的诗句中删掉了一个词语，剩下的内容就不再是诗，而只不过是文字的集合罢了。群就是如此有机的整体。

在前面的例子中，G 的基数，也就是 G 的阶是有限的，而在一般情况下，基数也可以是无穷的。于是这里就出现了有限群和无限群的区别。

例如在全体整数的集合 $M = \{\cdots, -3, -2, -1, 0, 1, 2, 3, \cdots\}$

中，如果把一般的加法运算看作“结合”，那么就可以形成一个群。由于它的阶是无穷的，所以这个群是无限群。

下面让我们用 R_θ 来表示“以平面上的点 O 为中心，沿逆时针方向旋转 $\theta°$”这一作用（图 2-5）。此时，若规定所有这样的“旋转”组成的集合为 G，则 G 构成了群。由于每一个角度都有其对应的旋转方式，所以该群是无限群，而且它的基数为 $\mathfrak{c}$。

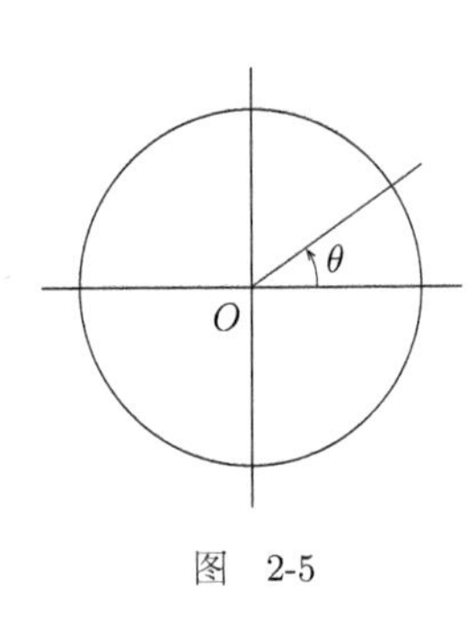

图 2-5

R_α 与 R_β 相乘，意味着旋转 α 之后继续旋转 β，那么结果就等同于共旋转了 $\alpha+\beta$，即

$$R_\alpha R_\beta = R_{\alpha+\beta}$$

该群的单位元是“不旋转”，也就是发生旋转的角度为 0° 的作用，因此 $e = R_0$。另外，旋转 α 的逆作用为旋转 $-\alpha$，所以 ${R_\alpha}^{-1} = R_{-\alpha}$。

由此可知，所有的 R_α 构成了群。

这里出现了“作用”和“事物”这两个对立的概念。不过，二者的对立关系绝不是绝对的。例如有很多实例表明，虽然称其为“事物”，但有时也要根据情况将其视为“作用”。我们也许会认为 3 这个数是一种“事物”，但实际上也有将其视为“作用”的情况，比如给任意数加 3 这样的“作用”。

接下来，我将为大家举一个把“作用”看作“事物”的例子。

表 2-2 是一个具有“九九乘法表”且阶为 3 的群。

表 2-2

	a_1	a_2	a_3
a_1	a_1	a_2	a_3
a_2	a_2	a_3	a_1
a_3	a_3	a_1	a_2

此时，3 个元素之间的置换方法共有 $3! = 1 \cdot 2 \cdot 3 = 6$ 种。其中有一种在进行置换后依然维持原来“九九乘法表”的结构，也就是出现了与其自身同构的情况。这种置换如表 2-3 所示。

表 2-3

	a_1	a_3	a_2
a_1	a_1	a_3	a_2
a_3	a_3	a_2	a_1
a_2	a_2	a_1	a_3

$$b = \begin{pmatrix} a_1 & a_2 & a_3 \\ a_1 & a_3 & a_2 \end{pmatrix}$$

置换后的整体叫作该群的自同构群，它与完全没有进行置换的

$$a_1 \to a_1$$

$$a_2 \to a_2 \qquad c = \begin{pmatrix} a_1 & a_2 & a_3 \\ a_1 & a_2 & a_3 \end{pmatrix}$$

$$a_3 \to a_3$$

共同构成阶为 2 的群 H（表 2-4）。

表 2-4

	c	b
c	c	b
b	b	c

从 H 的角度来看，之前例子中 G 的元素只不过是接受了置换这一“作用”的“事物”而已。因此，“作用”与“事物”的对立不是绝对的，二者可以互换角色。

通常来说，群是以“作用”的形式出现的，我们一般认为“作用”比“事物”更让人难以理解。与桌子、苹果、太阳、点、

直线等“事物”相比，想要掌握旋转、置换、燃烧等“作用”需要更高级的抽象思维能力，这是不言而喻的。恐怕我们使用的语言，抽象名词在其中所占的比例也会变得越来越少。

我们可以用某种适当的“事物”对抽象的“作用”进行标记，尝试将其视为更加具体的东西来把握。例如，在旋转构成的群中，对于一条长度为 1 的线段 OA 从原位置上运动到 OB 这样的旋转，我们也可以用 OB 的位置来表示旋转。也就是说，如果用圆周上的一点 B 来表示从 OA 到 OB 的旋转，那么该群的各个元素都能用圆周上的点表示，整个群也可以用圆周来表示（图 2-6）。

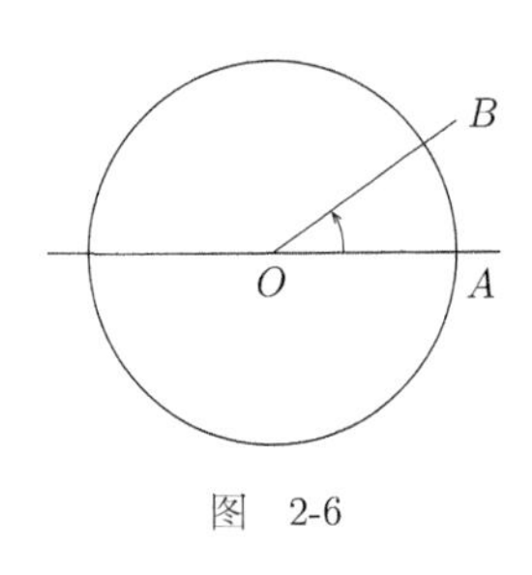

图 2-6

我们用肉眼很难观察“作用”本身，所以如果能用“事物”变化的结果来标记“作用”，那么观察起来就会方便很多。基于这样的思路，法国数学家嘉当（1869—1951）创造出了“运动坐标”。

我们假设在一个平面之上有另外一个平面与之重叠，为此可以用两张重叠放置的纸来进行模拟。下面的纸保持不动，仅移动上面的纸。当二者处于最初的重叠状态时，我们可以在上下两张纸的同一位置分别画上有一定长度的箭头，并使这两个箭头重合。只要上面的纸发生移动，它上面的箭头也会跟着移动。这样一来，如果知道该箭头移动后的位置，那么与其原来的位置相比较，我们就能彻底掌握它的移动方式。在这种情况下，箭头就是一种

“运动坐标”，箭头的位置扮演了标记的“角色”。

由于群是抽象的“作用”，所以研究者进行了各种尝试，希望能将其具体化。关于这部分内容，我们在后文中再对其进行讲解吧。

现在，让我们把目光重新转向最开始提到的那个基数为 6 的有限群上来。如果从该群的“九九乘法表”中选出 a_1, a_2, a_3，我们会注意到它们构成了一个小群。从原来的“九九乘法表”中抽取出这个小群的部分并且重新制表后，我们可以得到表 2-5 中的情况。在日本政治领域内有一种说法叫作“党内结党”，这里 a_1, a_2, a_3 的情况则可被称为“群内结群”。我们把在这种在子集自身中构建的群叫作子群。

表 2-5

	a_1	a_2	a_3
a_1	a_1	a_2	a_3
a_2	a_2	a_3	a_1
a_3	a_3	a_1	a_2

除此之外，我们还可以探索出表 2-6、表 2-7、表 2-8 这 3 个子群。

表 2-6

	a_1	a_4
a_1	a_1	a_4
a_4	a_4	a_1

表 2-7

	a_1	a_5
a_1	a_1	a_5
a_5	a_5	a_1

表 2-8

	a_1	a_6
a_1	a_1	a_6
a_6	a_6	a_1

此外还有一个不言而喻的例子。说起来可能有些无聊，它就是单位元 a_1 以“一人一党”的形式构建的、阶为 1 的子群。按照数学家的习惯，部分之中也包含自身，所以如果把 G 自身也算作 1 个子群，则 G 共有 6 个子群。正如第 1 章的内容所述，在全部的 $2^6=64$ 个子集之中仅有 6 个子群。

我们仔细观察后会发现，子群的阶为 $6,3,2,1$，它们均为 6 的约数。那么，这只是单纯发生的偶然现象，还是普遍真理的特殊情况呢？其实这一现象正属于后者。一般情况下，我们可以说“有限群的阶，能被子群的阶整除”。由于在对其进行证明的过程中包含了各种有趣的想法，所以我想在此详细地讲解一下。

首先必须为大家介绍数学中常用的分类法。

纵观科学的所有领域，它们都需要对研究对象进行分类，其中最为明显的例子就是生物学。所谓对动物的集合进行分类到底是指什么呢？首先，所有动物的集合 M 可被分为哺乳类（K_1）、鸟类（K_2）等类别。或者从集合论的角度来看，M 可以被分成这些子集，它们的关系可以用等式表述为 $M=K_1+K_2+\cdots$。

换言之，第一，任何动物都必须归入 $K_1,K_2,\cdots$ 的类别中。第二，任何动物都不能同时归入两种类别。也就是说，不同的类别之间没有交集。将以上内容概括起来就是，所谓的分类或类别是指，用没有交集的子集之和来表示集合。各个子集就是每种类别。

从结果上看，数学家使用的分类法与生物学家使用的分类法并没有什么不同。但我们必须注意的是，二者产生最终结果的过程存在很大差异。

就由全体动物组成的集合而言，其中的每个元素都具有各自明确的个性。昆虫具有 6 条腿、4 只翅膀……这些属性是昆虫特有的，也是无须参考与其他类别的关系就能确定的。在这种情况下，只要从所有元素中挑选出具有明显特征的元素，集中起来，将其归为一类就可以了。例如，可以根据具有 6 条腿、4 只翅膀等特征归纳出昆虫这一类别。这种以共同特征为基准进行分类的做法并不仅限于生物学领域，可以说这是能在各个学科中使用的方法。

然而数学却是一个例外，这种差异是由出发点不同所导致的。摆在数学家眼前的是“由某种相互关系确定的符号组成的集合”。即使从集合中单独剥离出一个元素，该元素也只是一个单纯的符号而已，除此之外它什么也不是。它既没有 6 条腿，也没有 4 只翅膀。该符号本身只有与其他元素建立起关系后才能显露其特征，所以要想对其进行分类，我们就不得不以元素间的相互关系为切入点。以相互关系为着手点的分类法恐怕是数学独有的，在其他科学领域中也许无法找到。因此，这种分类法也具有让人相当难以理解的特点。接下来，我将尽量多举一些例子来解释说明。

不过，如果只是笼统地说“关系”，那么“关系”也有五花八门的种类。我们在此特将其限定为二元关系，也就是在两个物体之间成立的关系。例如，“a 是 b 的朋友”这句话所表达的就是在两个对象 a 和 b 之间成立的关系。但是，“a、b、c 互相牵制”这句话则表示一种在三者之间成立的关系，所以它是三元关系而不是二元关系。

让我们来研究一下这个朋友关系的特征吧。首先让我们来看一看，如果机械地置换 a 和 b，把原有的关系改造成“b 是 a 的朋友”，那么会得到怎样的结果呢？在这种情况下，我们从“a 是 b 的朋友”当然能得出“b 是 a 的朋友”。像这样的关系，就可以称为对称关系。“a 是 b 的敌人”也是一种对称关系，因为我们也能得出“b 是 a 的敌人”。但是，“a 是 b 的后代”就绝不是对称关系了，因为“b 无法成为 a 的后代”。不过，“a 是 b 的兄弟”就是一种对称关系了。

接下来，让我们研究一下所谓传递性的条件。显然后代关系的情况如下所示。

如果“a 是 b 的后代”，并且“b 是 c 的后代”，那么就可以得到“a 是 c 的后代”的结论。

我们把这种关系叫作传递关系。除此之外还有很多具有传递关系的例子，例如数的大小关系等。

“a 大于 b”，$a > b$。

“b 大于 c”，$b > c$。

根据以上两个条件，可以获知“a 大于 c”，$a > c$。

但是一般来说，朋友关系不属于传递关系。

“a 是 b 的朋友。”

“b 是 c 的朋友。”

根据这两个条件并非一定能得出“a 是 c 的朋友”的结论。在很多情况下，a 和 c 可能素未谋面。但是，兄弟关系却属于一种传递关系，这是不言而喻的。

接下来，让我们来试着研究一下所谓自反性的条件。自反性是一种与元素自身相关的关系。虽然将其用文字表达出来会显得有些奇怪，但我们可以对其进行一番适当的思考。例如，“a 是 a 的朋友”或者“a 是 a 的兄弟”，尽管这种说法听起来非常奇怪，但在此我们仍然要先假设这种说法是成立的。当然，如果换成“a 是 a 的敌人”这样的说法，那就有点麻烦了。

为了简化语言，让我们使用符号来进行表述吧。

我们用 $a \sim b(R)$ 来表示“a 与 b 有关系 R”。相反，用 $a \nsim b(R)$ 来表示“a 与 b 无关系 R”。

如果用这个符号，自反性可表示为 $a \sim a(R)$，对称性可表示为“如果 $a \sim b(R)$，那么 $b \sim a(R)$ 必然成立”，传递性表示为“必然可由 $a \sim b(R)$ 和 $b \sim c(R)$ 推导出 $a \sim c(R)$”。

朋友、后代、敌人、兄弟的关系是如何对应自反、对称、传递这三个条件的呢？我们可以用表 2-9 进行对比。

表 2-9

	自反性	对称性	传递性
朋友	○	○	×
后代	×	×	○
敌人	×	○	×
兄弟	○	○	○

注：○表示成立，× 表示不成立。

我们把自反、对称、传递这三个规律统称为等价律。因此，通过表 2-9 可知，只有兄弟关系同时满足三个条件，也就是满足等价律。数学中分类的基准是三个规律同时成立，也就是等价律成立的情况。

在满足等价律的关系中包括恒等关系 $a=b$，这是不言而喻的，可以说它是最严密的等价关系。反过来讲，一般的等价关系是放宽条件的恒等关系。

我们规定，集合 M 中的各元素之间存在满足某种等价律的二元关系 R。让我们根据 R 来试着对 M 进行分类吧。

我们从 M 中任取一个元素，令其为 a_1。此时，令与 a_1 有关系 R 的所有元素的集合，也就是满足 $a_1 \sim x(R)$ 的所有 x 为 $K(a_1)$。那么，$K(a_1)$ 是一个具有什么性质的子集呢?

首先，该子集应该包含 a_1 自身。这是因为 R 具有自反性，所以 $a_1 \sim a_1(R)$ 是成立的。

如果在筛选出 $K(a_1)$ 之后，M 中已经没有剩余的其他元素，那么分类就此结束。在这种情况下，集合 M 仅由一类元素组成，没有分类的必要。

如果 M 中还有剩余的其他元素，那么从中任意取出一个元素，令其为 a_2，与 a_2 有关系 R 的所有元素的集合为 $K(a_2)$。$K(a_2)$ 与前面提到的 $K(a_1)$ 应该没有相同的元素。

假设二者具有相同的元素 b，则因为 $a_1 \sim b(R), a_2 \sim b(R)$，所以利用对称律可知，$a_1 \sim b(R), b \sim a_2(R)$。又根据传递律可知 $a_1 \sim a_2(R)$，则 a_2 就变成了最初存在于 $K(a_1)$ 中的元素，这与一开始的假设是矛盾的。因此，应该不存在这样的元素 b。

接下来只要用同样的方法逐一构建 $K(a_1), K(a_2), K(a_3), \cdots$ 便可对 M 进行分类了。$M = K(a_1) + K(a_2) + \cdots$。

于是我们可以将以上内容总结如下：如果某个集合 M 确定了满足自反、对称、传递的等价律的二元关系，那么就能以此为基准对集合进行分类。对于等价关系，特别是最为严密的恒等关系而言，所有种类都是由一个元素构成的“一人一党”，这是不言自明的。

与之相对，当 M 具有类别时，就能确定其存在等价关系。我们可将其视为“a 与 b 属于同一类别”这样的二元关系。这就是数学领域中特有的、根据相互关系进行分类的分类方法。

下面就让我们利用该方法进行一些适当的练习吧。假设日本国内所有城市的集合为 M，则 M 中的元素为东京、大阪、福冈、高松…… 此时，我们选取“a 与 b 仅陆地相通”这个二元关系。这种关系可以轻而易举地被证明是满足自反、对称、传递的等价关系，因此可以根据这个关系对 M 进行分类。如果我们选取的第一个城市为东京，那么与其等价的城市，即仅与东京陆路相连的城市为本州的所有城市，它们构成了一个类别。接下来选取一个不属于“本州类”的城市，例如福冈，则与福冈等价的所有城市可构成“九州类”。如此继续下去，可以归纳出“四国类”和“北海道类”等类别，并最终完成对日本所有城市的分类。

让我们再次回到群的话题上来。我们最初的目的是证明“有限群的阶能被子群的阶整除”。假设群 G 中的一个子群为 g。此时，基于子群 g，在 G 的两个元素 a、b 之间建立如下二元关系。

“a 是 b 与子群 g 中适当的元素相乘得到的结果。”

若用算式表示三者的关系，则为 $a = bg_1$（g_1 属于 g 中适当的元素）。

这个二元关系首先体现了自反性。子群 g 作为一个群，必定含有单位元 e。利用 e 可知 $a = ae$，因此 $a \sim a(R)$。

其次是对称律。由于 $a \sim b(R)$，也就是 $a = bg_1$，因此

$$ag_1{}^{-1} = (bg_1)g_1{}^{-1} = b(g_1g_1{}^{-1}) = be = b$$

由此可知 $b = ag_1{}^{-1}$。g_1 是属于 g 的元素，加之 g 是一个群，所以 $g_1{}^{-1}$ 也属于 g，因此符合对称条件 $b \sim a$。

最后是传递律，可用符号 $a \sim b, b \sim c$ 表示。换言之，$a = bg_1$，$b = cg_2$，由此可知 $a = bg_1 = (cg_2)g_1 = c(g_2g_1)$。又因为 g 是一个群，所以若 g_1 和 g_2 属于 g，则 g_2g_1 也属于 g。因此，$a \sim c$。

就此，等价律的三个条件均得到了验证，我们也就可以根据 g 来进行分类了。在此分类中，包含单位元 e 的类别是 g 本身，这是不言而喻的。若用 $a_1g, a_2g, \cdots$ 表示包含 $a_1, a_2, \cdots$ 的类别，则群 G 可被写成 $G = g + a_1g + a_2g + \cdots$ 的形式。符号“+”是合并集合的“印章”。前文中对日本城市进行分类的例子也是如此，在一般的分类中各个类别并不一定具有相同的基数。不过在这个子群的分类中，各个类别的基数是相同的，这是因为在比较 g 与 a_1g 时，g 的一个元素 g_1 与 a_1g_1 是一一对应的关系。

由于 G 在此可被分成若干个与 g 具有相同基数的子集，所以

由此可知，g 的基数，也就是 g 的阶可以整除 G 的阶。

在前面的例子中，令子群 $g=\{a_1,a_2,a_3\}$，并用其分类，则可以得到两个含有 3 个元素的类别，$\{a_1,a_2,a_3\}+\{a_4,a_5,a_6\}$。

若用子群 $g=\{a_1,a_4\}$ 分类，则可分为 $\{a_1,a_4\}+\{a_5,a_2\}+\{a_6,a_3\}$。在此分类中，只有包含单位元的类别是子群本身，而其他类别绝不是群，这是因为它们不包含单位元 e。对于这些 g 以外的类别，例如在上面的例子中出现的 $\{a_5,a_2\}$ 和 $\{a_6,a_3\}$ 等，也有人将其命名为副群。

让我们再用“九九乘法表”的形式来总结一下吧。大家肯定不难从中发现以下事实，即以 $g=\{a_1,a_2,a_3\}$ 分类的类别 $K_1=\{a_1,a_2,a_3\}$，$K_2=\{a_4,a_5,a_6\}$ 在进行乘法运算时是各自成团行动的。若在“九九乘法表”中画上加粗的线段，则可得到表 2-10。

表 2-10

		K_1			K_2		
		a_1	a_2	a_3	a_4	a_5	a_6
K_1	a_1	a_1	a_2	a_3	a_4	a_5	a_6
	a_2	a_2	a_3	a_1	a_5	a_6	a_4
	a_3	a_3	a_1	a_2	a_6	a_4	a_5
K_2	a_4	a_4	a_6	a_5	a_1	a_3	a_2
	a_5	a_5	a_4	a_6	a_2	a_1	a_3
	a_6	a_6	a_5	a_4	a_3	a_2	a_1

在黑粗线圈起来的范围内，K_1 和 K_2 中都仅有各自包含的元素，两个类别之间没有出现互相混杂的情况。若从 K_1 和 K_2 中任取元素相乘，则得到的结果将全部被归入类别 K_2 中，那么就会导致无法区分 K_1 和 K_2。换言之，K_1, K_2 的分类对于乘法具有牢固的凝聚力。于是，如果将结果粗略地绘制成表格，那么就可以得到表 2-11。

表 2-11

	K_1	K_2
K_1	K_1	K_2
K_2	K_2	K_1

由表 2-11 可知，这是另外一个阶为 2 的群所对应的“九九乘法表”。但是在这个群中，原来群中各元素组成的集合被看作一个元素。我们在此可以想到黑格尔说过的那句话，即“数是数目和单位的统一”。K_1, K_2 在原来的群 G 中具有多样性，而在新的群中则具有单一性。我们把像这样产生的新群 G' 叫作 G 被子群 g 除得的商群，可用符号表示为 $G' = G/g$。

下面我们用 $g = \{a_1, a_4\}$ 这个子群来试试吧。此时的分类为

$$K_1 = \{a_1, a_4\}, K_2 = \{a_5, a_2\}, K_3 = \{a_6, a_3\}$$

若令 K_1 与 K_2 相乘，则 $a_1a_5 = a_5, a_1a_2 = a_2, a_4a_5 = a_3, a_4a_2 = a_6$，相乘后得到的四个结果分散在 K_2 和 K_3 之中。由此可见，在这种分类方法下进行的乘法运算，无法使各个类别具备各自的凝聚力。因此，即使用子群分类也会出现无法产生商群的情况。

那么，用什么样的子群分类能产生商群呢？让我们一起来思考一下这个问题吧。令 G 中任意元素为 a，且令包含 a 的类别为

ag、包含 a^{-1} 的类别为 $a^{-1}g$。此时二者的乘积都属于某一类别，而该类别也包含 $aa^{-1}=e$，由此可见它就是 g 本身。

$$(ag)(\ a^{-1}g)=g,\ aga^{-1}=gg^{-1}=g$$

也就是说，这样的群必须满足相应的条件，即可以用任意的 a 通过 g 构造出 aga^{-1}，使其仍然为原来的 g。我们把这种特殊的子群叫作不变子群。另外，我们由此也马上能明白，用不变子群分类会产生商群。所以在上面的例子中，$\{a_1,a_4\}$ 虽然是一个子群，却不是不变子群。

最初认识到不变子群重要性的人依然是伽罗瓦。

到此为止，我们一直在研究一个群中的各种“机构”。如果把群比作国家，那么此前探讨的都是“国内问题”。但是，接下来我们当然有必要将两个以上的群进行比较，可以说这是一个“国际问题”。

我们该如何具体辨别两个群 G 和 G' 是否具有相同的关系类型呢？换言之，该如何判断它们是否同构呢？

正如之前在研究“三者互相牵制”的同构时那样，首先在 G 与 G' 之间必然存在一一对应的关系，但是仅满足这一点是不够的。这种一一对应必须使 G' 的映射保留 G 中各元素间的相互关系，而 G 的相互关系即为结合，因此

$$\begin{array}{ccc} G & & G' \\ a & \longrightarrow & a' \\ b & \longrightarrow & b' \\ ab & \longrightarrow & a'b' \end{array}$$

换言之，若 a, b 与 a', b' 对应，则 ab 与 $a'b'$ 也必然对应。

另外，还需要满足逆元之间的映射。

$$\begin{array}{ccc} a & \longrightarrow & a' \\ a^{-1} & \longrightarrow & a'^{-1} \end{array}$$

这种一一映射叫作同构映射。能够建立同构映射的两个群总是同构的。

当两个群都有“九九乘法表”时，只有表中的元素重合是不够的。只有当两个“九九乘法表”可以完全重合时，才能说两个群同构。在这种同构对应中，单位元必然与单位元对应。

$$e \longrightarrow e'$$

我在此举一个最典型的无限群同构的例子。若用乘法结合正实数，则可以得到一个群，令该群为 G。若用加法结合全体实数，则可以得到另外一个无限群，令该群为 G'。于是，若令从 G 到 G' 的一一对应为 $\varphi(a) = \log a$，则

$$\log(ab) = \log a + \log b$$

这样我们就缔造了从 G 到 G' 的同构映射。若用等式表述单位元与

单位元的对应，则必然可将其表示为 $\log 1 = 0$。这是因为 G 的单位元是 1，而 G' 的单位元是 0。

于是，使用群的语言就很好理解对数的含义了。所谓的对数函数就是从正实数的乘法群到实数的加法群的同构映射。

若从 G 到 G' 存在同构映射，这就相当于对 G 这个“实物”来描绘 G′。同构映射，就是完全依照 G 的实物比例描绘出宛如相片一样的 G'。不过，正如描绘手法有略图、缩图、素描等形式一样，群也同样存在这种情况。有时素描、漫画的形式与实物等比例的照片相比更能传达出实物的真实感，同样，群的略图、素描也很重要。相当于群的略图或素描的就是“同态”，下面就让我为大家介绍一下吧。

稍微放宽对同构映射的定义，使映射关系从一对一变成多对一。不过，如果乘积与乘积的映射依然和之前的情况保持一致，那么这样就会形成同态映射。拿前面介绍的例子来说，阶为 6 的置换群从 G 到 $G' = G/g$ 的映射就是同态映射，并且该映射为三对一的同态，这是不言自明的（参考图 2-7 中的图 (a)）。

在这种同态映射中，G' 与 G 并非同构，它只是 G 的粗略描绘或略图。不过，任何群都与仅由单位元组成的“一人一党”的群 $G' = \{e\}$ 形成映射关系，这也是同态映射的一种，可以说它是极端粗糙的略图（参考图 2-7 中的图 (b)）。

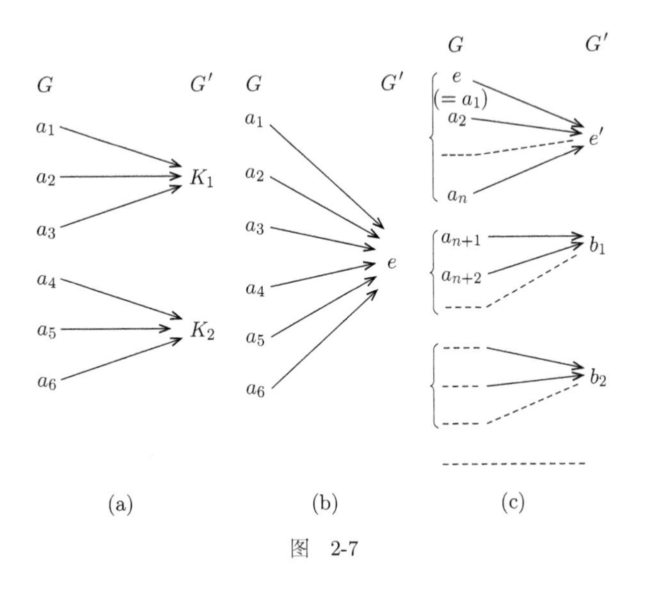

图　2-7

另外，如果存在从一个群 G 到另外一个群 G' 的同态映射，那么由与 G' 的同一元素对应的 G 的若干元素所组成的集合，显然就形成了 G 的分类。此时，由与 G' 的单位元 e' 对应的 G 的全部元素所组成的集合，就构成了一个子群 g。之所以这么说，是因为如果 G 的两个元素 a, b 与 e' 对应，那么它们的乘积 ab 以及逆元 a^{-1} 也与之对应。由于 $a \to e', b \to e'$，所以由同态可知，$ab \to e'e' = e'$。除此之外，还可以根据 $a \to e'$ 推导出 $a^{-1} \to e'^{-1} = e'$（参考图 2-7 中的图 (c)）。

不过，子群 g 不仅是一个子群，它还是一个不变子群，这是因为存在于“宽广的” G 中的元素 x，未必能进入“狭窄的” g 中。此时令 x 的映射为 x'，则如下页的运算所示，xax^{-1} 应该也在 g 中，

这无非证明了 g 是不变子群。当然，用 g 除 G 得到的商群 G/g 与 G' 为一一对应的同构映射。

$$
\begin{array}{rl}
x & \to x' \\
a & \to e' \\
\times \;\; x^{-1} & \to x'^{-1} \\
\hline
xax^{-1} & \to x'e'x'^{-1} \\
& \quad = x'x'^{-1} = e'
\end{array}
$$

g 是这个映射中的核心，它是判别大多数映射粗糙还是精细的基准。g 越小，则映射越精细。如果 g 为群 $\{e\}$，那么这种极端情况下的映射就是同构映射。

综上所述，所谓群是指作用、运动、变化的集合。由于在围绕于我们身边的自然界中充满了作用、运动、变化，所以也可以说群是无处不在的，但它并不是以空气、土壤、水那样的形式遍布在各个角落。群更普遍的存在形式是隐藏在这些物质的背后，作为统括物质原理的法则而存在。

群不是“事物”而是“作用”，这也是造成群很晚才被人类发现的主要原因之一。也正因为群如此隐蔽，才有很多人致力于把令人难以把握的群，转换成更加易于理解的东西。为此，数学家不得不找出与作为“作用”存在的抽象化的群形成同构的具体化的映射，而这种具体化被数学家称为“表示”。我们可以把前面提到的嘉当的“运动坐标”也看作一种表示。

例如，针对图 2-8 中的图 (a) 中描述的抽象关系，发现具有同样关系的具体实例（图 2-8 中的图 (b)），这一过程就是我们所说的表示。

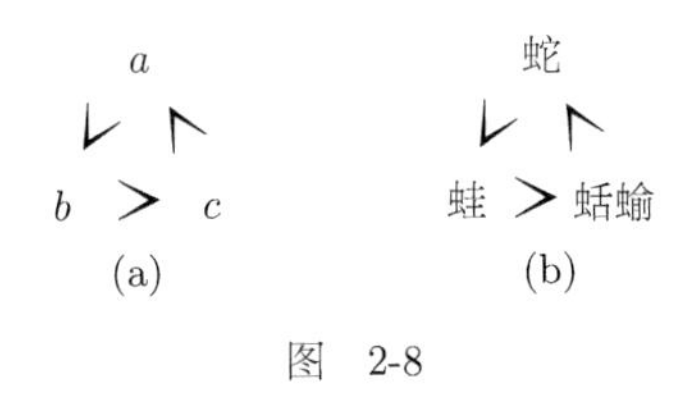

图 2-8

抽象性是一个在现代数学领域中屡遭诟病的问题。如果数学忘记了与其真正的基础——自然之间的联系，仅被自身的兴趣所驱使，执意朝抽象化的方向发展，那么它将会脱离现实世界，最终迎来自身的灭亡，这是毋庸置疑的。现代数学中的确存在为了抽象化而抽象化的危险。要想消除这种危险隐患，研究者就必须从另一方面付出努力，使现代数学向具体化转变。我们可将前文中所说的“表示”看作一种实现具体化的尝试。我在此想顺便提醒大家的一点是，群的具体化，也就是矩阵的表示，在原子物理学中收获了非常好的应用效果。

继群之后又出现了环和域。不过，因为它们在思考方向上与群是一致的，所以本书在此就不进行详细介绍了，姑且做个简略的说明。

让我们重返一切思考的出发点——整数。我们已经明确地知道，整数可以通过加法和乘法运算结合，而环和域则是具有乘法和加法这两种结合运算的集合。

在此，我想为大家介绍一下与群的研究方向迥然不同的格。

由于格考虑的是元素间的顺序，所以我们不得不先从顺序讲起。

例如，某机关单位内的所有工作人员可以组成一个集合，该集合不仅是集合论意义上的集合，更是依据某种相互关系而有机组成的集合。如果单从各种复杂的相互关系中选取出行政管理系统这一层关系，那么就会得到一个顺序。此时该集合是一种有顺序的集合（有序集）。

下面我再来列举几个有序集的例子。提到有序集，也许第一时间在大家的脑海中浮现出的，就是数在自然数的集合中也有大小的情况。

$$1 < 2 < 3 < 4 < \cdots$$

恐怕没有比自然数的顺序更深入我们日常生活中的例子了吧。无论是撕掉一页日历还是结账数钱，这些情景都是以自然数的顺序为背景而发生的。于是，我们用 ω 表示具有这种顺序的集合。

即便同样是自然数，只要改变比较方式就能得到不同类型的顺序。例如，为了方便起见，若把“b 能被 a 整除”写作 $a < b$，则可构建一种顺序。但是，在这个顺序中不能保证两个自然数总是保持 $a > b$、$a < b$、$a = b$ 的关系，比如 4 和 7。显然，$4 < 7$、$4 > 7$、$4 = 7$ 中的任意一种关系都是不成立的。

再如由三个数字组成的集合 $M = \{1, 2, 3\}$。我们清楚地知道 M 的子集共有 $2^3 = 8$ 种，此时可以基于“b 是 a 的子集”这种关系构建一种顺序。如果用 $a > b$ 来表示这种关系，那么这也是一个有顺序的集合。人类以子孙后代关系构建顺序的情况也是如此。

根据以上多个实例的讲解，让我们尝试从中总结一下共通的顺序特征吧。

（1）首先，存在一个集合 M。M 的元素为 $a, b, c, \cdots$。$M = \{a, b, c, \cdots\}$。

（2）在 M 的两个元素之间定义了用 $x \geqslant y$ 表示的关系。（行政管理系统、大小、子集……）

（3）自反性。$x \geqslant x$。

（4）对于两个不同的元素而言，$x \geqslant y$ 和 $y \geqslant x$ 不能同时成立。（反对称性）

（5）传递性。由 $x \geqslant y, y \geqslant z$ 可知 $x \geqslant z$。

前面列举的实例显然全都符合上述条件。

我们将这种所具有的相互关系为顺序的集合叫作偏序集。“偏”是指任意两个元素不一定具有明确的顺序关系。一个机关单位的行政管理系统，也并不是从最高层的领导者开始，自上而下地进行单一排列的。

不过，军队中任意两个军官之间却要明确区分上下等级，在此就让我们将这种最严密的特殊顺序命名为线性顺序吧。自然数的顺序 ω 也是线性顺序的一种。

家谱最能表现子孙后代关系。

例如，源赖朝的家谱如图 2-9 所示，这个由 5 人组成的集合构成了一个偏序集。

义朝
赖朝 政子
赖家 实朝

图 2-9

我们也可以利用这个家谱研究一般的偏序集。

图 2-10 表示，当 $a>b$ 时，分别将二者写在上下两处，并在中间用线段将其连接起来。

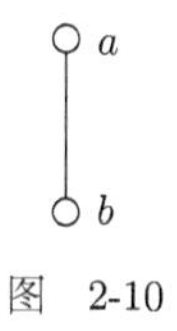

图 2-10

如果图 2-11 中的这种关系的确存在，则显然可知 $a>c$，所以没有必要特别注明，直接用线段连接上下两个对象就可以了（图 2-12）。

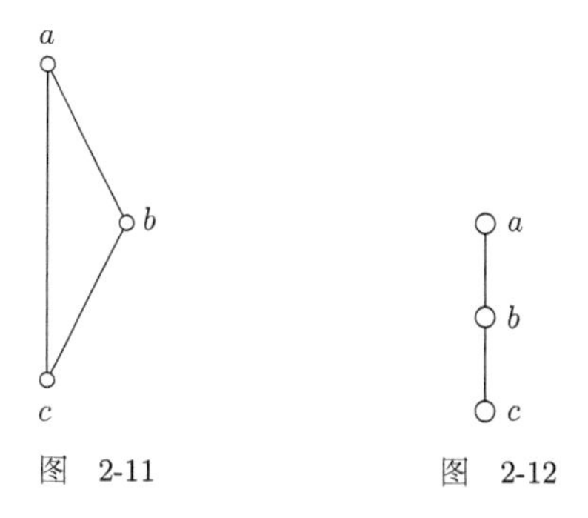

图 2-11　　图 2-12

在家谱图中也是如此，只需连接亲子关系即可，没有必要将祖父与孙子也连接起来。我们一般把通过这样的方法绘制出的图称为系谱图。对于有限集合来说，绘制这样的系谱图是很容易的，它可以完美呈现偏序集的类型。下面我就为大家列举两三个例子吧。

观察图 2-13 左边系谱图可知，该系谱图能够表示由两个数字 $1, 2$ 组成的集合的所有子集以“包含，被包含”的关系构建的顺序。

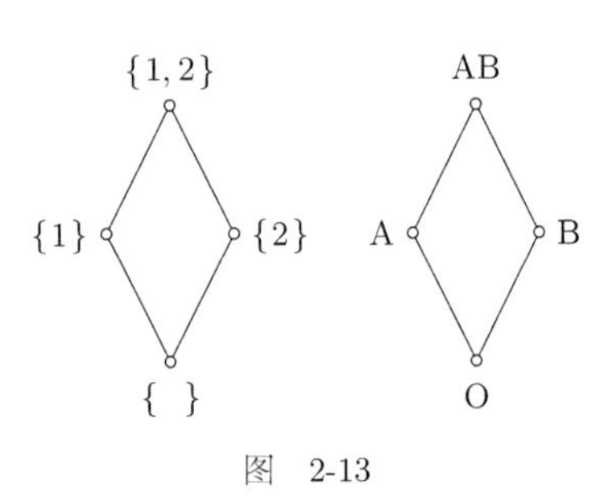

图 2-13

这个系谱图是菱形的。非常有意思的是，血型也与之具有同种类型的顺序。在由 O、A、B、AB 这四种血型组成的集合中，若以“x 可以给 y 输血”为关系来定义 $x \leqslant y$ 的顺序，则可得到图 2-13 右边的系谱图。该系谱图也呈菱形，它显然与前面的系谱图同构，这是不言而喻的。

若由三个数字 $1, 2, 3$ 组成的集合 M 的所有子集构建“包含，被包含”的顺序，则结果如图 2-14 所示。

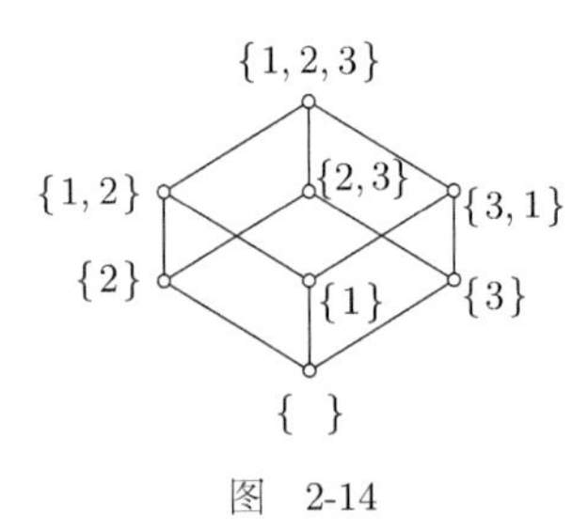

图 2-14

一般情况下，在由任意集合 M 的所有子集构成的集合 $\mathfrak{M}$ 中，若以“包含，被包含”的关系构建顺序，则确实能得到一个偏序集。这样的集合中定义了并集和交集这两种结合运算，如果根据顺序来规定这两种结合，则情况如下。

A 和 B 的并集 $A+B$ 是怎样的集合呢？我们可以首先设定一个比 A 和 B 都大的集合 C，并且令 $A \leqslant C, B \leqslant C$。从多个符合条件的集合 C 中选出的最小的一个就是 A 和 B 的并集。

相反，如果想要构建交集，那么从满足 $C \leqslant A, C \leqslant B$ 的所有集合 C 中选出最大的一个就可以了。这样得到的集合可以分别用新的符号 $A \cup B, A \cap B$ 来表示，这里的 $\cup$ 和 $\cap$ 是与加法、乘法的结合运算非常相似的另外两种结合运算。不过，并不是所有偏序集都具有 $\cup$ 和 $\cap$ 的结合运算。

例如，当人类的集合以子孙后代关系构建顺序时，虽然的确形成了一种偏序集，却未必存在 $\cup$ 和 $\cap$ 的结合运算。在子孙后代的关系中，$A \cup B$ 表示在 A 和 B 的共同祖先中关系最近的人。然而，如果 A 和 B 不是亲戚关系，那么在两者之间是不可能存在这种交集的。当然，要是把他们共同的祖先设定为亚当，那就另当别论了……另外，当 A 和 B 是兄弟时，由于父亲和母亲分别具有不同的祖先，因此 $A \cup B$ 无法被唯一确定。$A \cap B$ 则更为严苛。在一对夫妻的两个孩子 A 和 B 之间，是绝对不存在 $A \cap B$ 的，因为这意味着 A 和 B 有共同的子孙。

例如，在前文列举出的赖朝的家谱中，义朝和政子就没有共同的祖先，而赖家与实朝也没有共同的子孙。

我们将总存在 $\cup$ 和 $\cap$ 这两种结合运算的偏序集叫作格。

在 A、B、O、AB 这四种血型构建的偏序集中就存在进行 $\cup$ 和 $\cap$ 这两种运算的例子。

$$\mathrm{A}\cup\mathrm{B}=\mathrm{AB}, \mathrm{A}\cap\mathrm{B}=\mathrm{O}, \mathrm{A}\cap\mathrm{O}=\mathrm{O}, \mathrm{A}\cup\mathrm{O}=\mathrm{A}$$

$$\cdots\cdots$$

这与在一般的代数中进行的 $A+B$，$A\times B$ 等运算十分相似。从由两个元素产生第三个元素这一点来看，这无疑是一种结合运算。

因此，格显然也是广义的代数。

格的身影在整个数学领域，甚至更广泛的整个科学领域中常常若隐若现。直到近 30 年，格才引起了数学家的注意，继而出现了关于格的系统性研究。

尤其在表示军队中的上下层级的关系时，系谱图应该像一条上下贯穿的直线。对此，康托尔已经进行了相关的研究。打破了集合中原有的一切相互关系的是康托尔，而也正是他本人意识到了不得不恢复顺序这一相互关系，对比如此鲜明的两个举动真是太有意思了。

康托尔把具有线性顺序的集合称为有序集，并当在两个有序集之间能够建立不改变顺序的一一对应时，称二者具有相同的顺序型，或二者相似。我们通常称之为同构。

对于我们而言，自然数的顺序是最古老、最重要的顺序。接下来就让我们重新回顾一下这个顺序吧。

$$\omega = \{1, 2, 3, 4, \cdots\}$$

那么，该顺序具有怎样的特征呢？从左向右可无限延伸，也就是说，集合的右端是没有界限的。但是反过来，从右至左，即当从大到小逆行时，则不会重复无穷步，肯定会在有限的步数内结束逆行之旅。让我们再来换个角度看一看。如果从 ω 中取出任意子集，那么该子集中必然含有最小元素，这似乎是理所当然的。的确，在一群人中必然有一个人个子最矮，但这种规律仅适用于有限集合。例如

$$1+1, 1+\frac{1}{2}, 1+\frac{1}{3}, \cdots, 1+\frac{1}{n}, \cdots$$

在这些数中没有最小的数，这是因为无论我们从中选出一个多么小的数，在其右侧都会出现比它更小的数。

如果在无穷集合 ω 中总是存在最小的元素，那么 ω 的排列方式一定非常特殊。基于 ω 具有的这种特性，我在此要为大家解释一种数学家惯用的手段——数学归纳法。

从 1 开始将连续奇数相加，所得之和均为整数的平方，这是自古以来就广为人知的事实。

$$\begin{gathered}1 = 1^2 \\ 1+3 = 4 = 2^2 \\ 1+3+5 = 9 = 3^2 \\ 1+3+5+7 = 16 = 4^2 \\ \cdots\cdots\end{gathered}$$

即便到了 100 甚至 1000，这一规律也不会改变。在除数学以外的其他科学领域，如果在尝试进行了有限次数的实验之后，得出了“从 1 开始将连续奇数相加，所得之和均为整数的平方”这一结论，那么很有可能是不会受到“操之过急”的指责的。一般的归纳法就是如此。但是，在数学中并不允许仅通过进行有限次数的实验就得出“全部”的结论。即使实验次数多达 1000 次甚至 10 000 次，作为支撑“全部”的论据也是不够的。不过，实验的次数越多，“全部”成立的准确性就越高。要想使这些大量被实验验证的事实，适用于“全部”的情况，我们还需要使用其他方法进行论证，而此时就要用到数学归纳法了。有一个 $1, 2, 3, \cdots, n, \cdots$ 像这样数不断增大的命题。例如，“将从 1 开始的 n 个连续奇数相加，所得之和为 n^2”这个命题就是其中的一种。现在我们不知道该命题的真伪，而要想证明它是一个真命题则需要进行以下两个证明步骤。

（1）证明当 $n = 1$ 时命题成立。

（2）假设从 1 到 n 时该命题都成立，利用这个假设证明其在 $n + 1$ 时也成立。

如果在完成以上步骤后命题得到了证明，那么我们就有权利根据“大量”被证明的事实来主张其适用于“全部”的情况。这是因为，如果假设 n 中某些序号不成立，那么所有这些不成立的序号就会构成 ω 的子集。即使是子集也至少包含一个元素，所以它并不是空集，因此其中必然包含一个最小的序号 m。对于 m 之前的序号而言，命题应该全都成立。然而，如果从 1 到 $m-1$ 都成立，那么 m 也应该是成立的，这一点在步骤（2）已经得到了证明。在此前后出现了矛盾，因而证明从一开始就不存在使命题不成立的序号。也就是说，对于所有序号而言，命题都是成立的。下面就让我们把这种论证方法应用于之前的命题吧。

（1）由 $1=1^2$ 可证明，当 $n=1$ 时命题成立。

（2）假设在 n 时命题成立。很多时候不必假设 $1,2,\cdots,n$ 的所有情况全都成立，仅假设在 n 时成立就能达到目的。

$$1+3+5+\cdots+(2n-1)=n^2$$

若在等式两边同时加上下一个奇数 $2n+1$，则为

$$1+3+5+\cdots+(2n-1)+(2n+1)=n^2+2n+1$$

转换等式右侧的形式可得

$$1+3+5+\cdots+(2n-1)+(2n+1)=(n+1)^2$$

由此可见，最终结果用 $(n+1)$ 置换了命题中的 n。

于是，该命题得到了证明。

这种证明方法可能会让很多人想起一种类似于多米诺骨牌的、以日本将棋为道具的游戏。将编有 $1,2,3,\cdots$ 等序号的将棋棋子依次直立排列。此时，要想证明全部棋子都会倒下需要进行以下两个步骤。

（1）证明第一个棋子肯定会倒。

（2）假设从第 1 个到第 n 个棋子会倒，推导出第 $(n+1)$ 个棋子肯定会倒。

如果满足以上两个条件，就能证明全部棋子都会倒下。

这种便捷的论证方法能适用于此的根据，明显在于 ω 这个顺序的特殊性，即"所有子集中必然存在最小的元素"。不仅仅是 ω，我们也可以通过直接使用数学归纳法证明这种类型中的其他顺序，比如由两个 ω 连接而成的顺序就是同样具有这一性质的例子。

$$1, 2, 3, 4, \cdots, 1', 2', 3', 4', \cdots$$

后面的数字附上了"$'$"，以便与前面的数字进行区分。由于这个顺序是由 ω 和与 ω 属于相同类型的顺序左右连接形成的，所以康托尔用加法的符号 $\omega + \omega$ 来表示这个顺序。数学归纳法当然也适用于这样的顺序类型。

我们一般把"在所有子集中都具有最小元素"的顺序类型称为排列型。由于这种排列型集合的顺序，在很多方面都与普通的数字非常相似，因此康托尔将其命名为序数。我们现已得知，这些序数可以进行加法和乘法，甚至乘方等与普通的数相同的运算。

一般而言，格比群更常见，但它却似乎没有群那么实用。总的来说，格的理论接近于静态的理论，而群的理论则更具动态，对于哲学家而言，无疑是应该坚持辩证逻辑的。

第 3 章　人造空间

让我们从平常使用的语言开始说起吧。仔细想想，在我们日常使用的语言中，其实存在着一种非常有趣的现象。

例如，我们常说“遥远的过去”和“不久的将来”。另外，我们在说“近亲”一词时，其实并不是指住在附近的亲戚，而是想表达血缘相近的意思。我们还能想到“见多识广”或“心胸狭窄”，此外还有“大人物”和“胆小鬼”等说法。

“远”“近”“广”“窄”“大”“小”这些形容词都与距离、面积、体积等相关，它们本来是空间上的属性。然而在上面的例子中，这些词却被用来形容时间、知识、性格等。如果我们留心观察，就会发现语言中有很多类似的实例。

语言上对空间属性的挪用是偶然现象吗？如果要说这只是单纯的、偶然发生的现象，那例子未免有点儿太多了。而且，我们对这些说法非常习惯，丝毫感觉不到任何不自然。这样来看，与其说是语言中偶然现象，不如说是在我们人类的思维方式上，存在着根深蒂固的空间化倾向。也就是说，我们一旦将时间差异、性质的程度差异等对象赋予空间的尺度，就能让其更加明确、更加生动地浮现在我们眼前。我希望大家能首先注意到这一点，然后我们再来进入下面的讲解。

解析的方法是笛卡儿在数学史上创下的不朽伟绩。简单来说，就是他开辟了一条利用算式和计算的方法来研究图形和空间的道路。分析学为“观察之眼”赋予了“计算之手”，坐标成为了联结两者的桥梁。也就是说，笛卡儿创立的坐标，扮演了连通“分析学太平洋”与“几何学大西洋”的“巴拿马运河”的角色。

不过，这条运河当然不是单向通行的。它不仅为“观察之眼”赋予了“计算之手”，还为“计算之手”赋予了“观察之眼”。也就是说，笛卡儿还开拓了用直观的几何学图形来研究分析学的道路。因此可以说，笛卡儿不仅创立了解析几何学，同时也创立了“几何解析学”。分析学中“二元一次方程组只有一组根”的事实，得到了几何学中“两条直线相交于一点”的事实的验证，这使我们对这一问题的理解变得更加清晰明了，想必学过坐标的人都有过这种感觉吧。不得不说，天才的工作成果，总是那么光彩夺目。

可以说，进一步大胆且彻底地推动数学向这种空间化方向发展的，正是拓扑学。拓扑学有时也会被翻译成拓扑几何学，不过我在此决定采用前一种译法。

之所以做出这样的决定，是因为拓扑学的研究范围并不仅仅局限于几何学中的图形，它涉及相当广阔的领域。可以说，拓扑学更大的野心，是将前文提及的空间化倾向转化为一种理论。

下面就为大家介绍一下拓扑学的主要课题——拓扑空间吧。拓扑空间的理论主要是由法国数学家弗雷歇（1878—1974）和美国数学家摩尔（1862—1932）创立的。

虽然我在此可直接给出拓扑空间的定义，但各位读者恐怕很难理解，而原因并不在于拓扑空间的定义过于复杂。相反，它的定义非常简单，几乎可以用三四行文字就能表达清楚。人普遍具有一种固定思维，认为简单就意味着容易理解，然而在数学领域中却经常出现看似简单、其实很难的情形。拓扑空间的定义就是其中的一个例子。我们在这里所说的“简单”并非单纯的简单，而是将复杂的概念经过极致的精炼之后得到的“简单”。

我们无须一下子就飞跃至如此抽象的高度，让我们耐心地逐步向上攀登吧。登山绝不是一件轻松的事情，不过我可以向大家保证，征服山巅之际，即为将美景尽收眼底之时。拓扑空间是现代数学山脉中的一座高峰。因此，我们或许可以在登山途中学到一套研究现代数学的方法。

在开始登山之前，我还要啰唆一句。由于我们在接下来要讨论的内容从表面上看都非常抽象，所以肯定会有不少读者认为，这种理论只不过是与现实毫无联系的思维游戏。然而我想强调的是，数学家创立这一理论，并非是因为数学家自身具有的抽象癖，而是源于物理学等更为现实的学科的迫切需求。“具体的即为现实的，抽象的即为非现实的”，这种联想虽然符合常识，却不适用于数学领域。从某种意义上来说，数学中的情况恰好相反。

空间究竟是什么？在此，我并不打算引出哲学家所说的空间，而是想要为大家介绍现代数学家对“空间”一词的解读，以及相关观点是如何发展而来的。各位读者在阅读下面的解释说明时，恐怕难免会遇到一些与平时对“空间”一词的理解相去甚远的内容，进而会感到非常意外。另外，我们也需要提前做好听到反对声音的思想准备。那些哲学家们很有可能准备了千言万语，要对这种“空间”解读进行猛烈抨击。

那么，直线可能是所谓“空间”中最简单的一个具体例子了。

首先，直线是点的集合。从集合论的角度来看，直线只是一个基数为 $\mathfrak{c}$ 的无穷集合，除此之外它什么也不是。这种基数为 $\mathfrak{c}$ 的集合还包括平面和立体。正如前文所述，集合论对它们是不加以区分的。因此，若想把直线与平面、立体区别开来，则必须站在集合论的立场之外去探寻其他理论。

作为直线这个集合的元素，点与点之间是有左右顺序的，另外两点之间也有距离。也就是说，直线不仅是集合论层面上的集合，还具有顺序和距离等相互关系。我们把详细分析这些观点的内容往后放一放，在此先笼统地介绍一下“远近”“顺序”等关系。集合论曾经破坏了集合中的一切相互关系，并且切断了集合的“社会性”，而顺序和距离这些“社会性”在直线上又复活了。

继直线之后出现的是平面。直线具有横向上的延展性，而平面与之相比则额外具有纵向上的延展性。笛卡儿的坐标将对这个事实的笼统描述，翻译成了精密的数学语言。首先，在平面上画出两条垂直相交的直线，然后将其定为测定平面上任意一点位置的基准线，也就是所谓的坐标轴。某个点到这两条直线的垂直距离 x, y 相当于该点的横坐标与纵坐标。因此，正如一个人具有姓和名这两部分文字标记一样，一个点也具有横坐标和纵坐标这两个数的标记。这就好比图书馆的藏书按照索引分类一样，平面上的点是按照坐标这一索引分类的。在平面上来表示这个索引需要用两个数，我们可以用 $P=(x, y)$ 的形式来表示（图 3-1）。

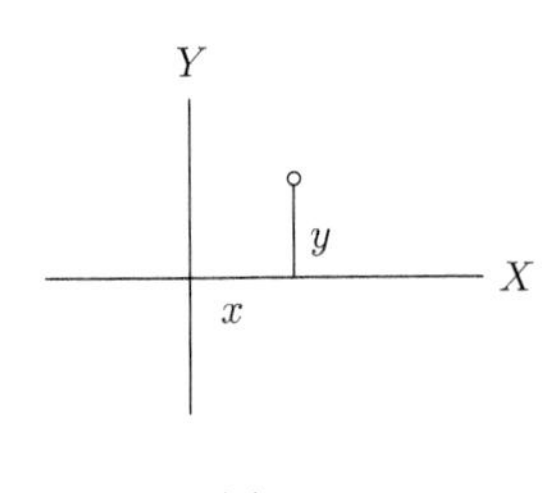

图 3-1

按照自然的顺序，继平面之后就该轮到三维空间出场了。除了横向、纵向之外，三维空间还额外具有竖向的延展性。若想测定三维空间内的点，则须添加另外一个竖向贯穿上下的坐标轴。我们用 Z 表示这条坐标轴。

这时，我们需要用三个标记，也就是三个坐标来表示一个点。

$$P = (x, y, z)$$

现在，我们不仅能用眼睛观察到三维空间中的点，还能根据三个实数构成的一组数将其计算出来。当然，这都要仰仗笛卡儿创立的“坐标”这一巧妙构想。

从一维的直线出发，我们推理的步伐已经迈入了三维空间，这一路是在眼睛与手的相互配合下走过来的。但是，如果我们从三维继续向四维、五维等更高维度的空间迈进，那么就会在前行路上碰到难以逾越的峭壁。该如何考虑类似于四维空间的事物呢?

不过，人类那永不满足的探索之心，是不会在三维空间中止步不前的。那么，我们到底该如何征服前行之路上的悬崖绝壁呢?

答案是挖隧道。超越三维空间时，就仿佛汽车进入了隧道，我们不得不放弃使用眼睛。那么，手的情况如何呢？

让我们试着用手来处理这种情况。三维空间中的点是由三个实数构成的一组数，所以我们也能轻易地想到，四维空间中可以存在由四个实数构成的一组数。

$$P=(x,y,z,w)$$

这样我们思考起来就容易多了。让我们把这组数称为“点”吧。以前我们在提到的点，没有长度、宽度、厚度，仅有位置。我们也经常会在头脑中浮现出铅笔尖画出的具体的点。然而，接下来我们不得不与这种想法说再见了。在此，我特意为之前的点加上引号，将其写作“点”吧。由于进入隧道之后无法使用眼睛，所以我们不得不摸黑去研究“点”，也就是由四个实数构成的一组数的性质。在从一维到三维的空间中扮演最重要角色的是距离，根据勾股定理，我们可以用以下等式表示距离。

在一维空间中，两个点 $P=(x),P'=(x')$ 间的距离为

$$PP'=|x-x'|=\sqrt{(x-x')^2}$$

在二维空间中，两个点 $P=(x,y),P'=(x',y')$ 间的距离为

$$PP'=\sqrt{(x-x')^2+(y-y')^2}$$

在三维空间中，两个点 $P=(x,y,z),P'=(x',y',z')$ 间的距

离为

$$PP' = \sqrt{(x-x')^2+(y-y')^2+(z-z')^2}$$

那么在四维空间中，我们究竟该如何确定两个“点” $P=(x,y,z,w)$，$P'=(x',y',z',w')$ 之间的“距离”呢？对照一维到三维空间的距离的计算方法，想必不少人可能会首先将以下算式作为第一候选者。

$$PP' = \sqrt{(x-x')^2+(y-y')^2+(z-z')^2+(w-w')^2}$$

至于这个第一候选者究竟是否具备作为“距离”的资格，我们首先还须对其进行严格的资格审查。

那么，“距离”的资格是什么呢？例如，从一维到三维的距离具有以下性质。我们沿用数学家惯用的表达方式，将两个点 P, P' 之间的距离 PP' 写作 $d(P,P')=PP'$。

这个函数具有怎样的性质呢？让我们逐一将其罗列出来。

（1）函数的结果只能取实数值，而且是非负实数。若用算式表示，则为 $d(P,P')\geqslant 0$。

（2）两点为同一个点时距离为 0。反言之，当距离为 0 时，两点为同一个点。

$$d(P,P)=0$$

$$\text{当 } d(P,P')=0 \text{ 时，} P=P'$$

（3）从 P 到 P' 的距离与从 P' 到 P 的距离相等。若用算式表示，则为

$$d(P,P') = d(P',P)$$

（4）三角形 $PP'P''$ 的两边之和不小于第三条边（图 3-2）。

$$d(P,P'') \leqslant d(P,P') + d(P',P'')$$

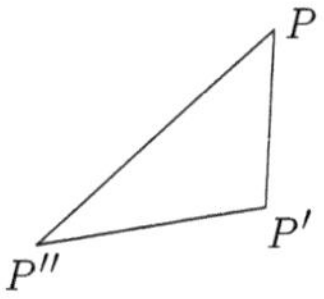

图 3-2

除此之外还有其他各种条件，但说到距离的资格，暂且只要求以上四条就够了。

那么，刚才列出的、表示四维空间中两点间“距离”的候选者

$$d(P,P') = \sqrt{(x-x')^2+(y-y')^2+(z-z')^2+(w-w')^2}$$

究竟是否完全具备以上的资格呢？我们可以用眼睛来确认一维到三维的低维空间的情况，但当维度增加至四维时，就无法通过眼睛进行直接确认了，我们只能以算式为工具，通过计算的方法进行验证。不过幸运的是，我们通过计算，确实可以证明这个候选者同时满足以上四个条件。[3]

在此，我们可以把通过

$$d(P,P') = \sqrt{(x-x')^2+(y-y')^2+(z-z')^2+(w-w')^2}$$

这个等式得到的、人为设定的数，作为“距离”来处理。使用这种“距离”，我们就可以去研究四维的世界了。

如果再增加一个坐标，那么就能得到五维的空间。在算式的世界里，增加坐标的数量可谓小事一桩，我们可以轻而易举地扩增出比五维空间更复杂的 n 维空间，而 n 维空间中的“距离”同样可以规定为以下这个等式。

$$d(P,P')=\sqrt{(x_1-x_1{}')^2+(x_2-x_2{}')^2+\cdots+(x_n-x_n{}')^2}$$

思考四维以上空间的情况，想必有不少读者会对此产生疑问，认为这或许只是一种思维游戏。用由 n 个实数构成的一组数来表示“点”，用

$$\sqrt{(x_1-x_1{}')^2+(x_2-x_2{}')^2+\cdots+(x_n-x_n{}')^2}$$

来表示距离，这样的世界难道不是童话世界吗？

然而事实却并非如此。虽然自然的确为空间设置了三维的命运壁垒，但反过来说，迫使我们打破这一壁垒的也同样是自然本身。这是因为 n 维空间的概念最初并非在纯粹的数学领域，而是在古典力学领域中出现的。

当一个质点（具有质量的点）P 在三维空间内运动时，该质点在某个瞬间的位置标记可以用 3 个实数表示，即 $P=(x,y,z)$。

如果有两个质点 P,Q 在三维空间内运动，那么这两个点的位置则可以分别表示为 $P=(x,y,z),Q=(x',y',z')$。也就是说，我

们需要用 6 个实数对其进行标记。面对这种情况，数学家通常会采取一种非常特别的视角，即将两个点在三维空间内的运动，看作一个“点” (x, y, z, x', y', z') 在六维空间内的运动。法国数学家拉格朗日（1736—1873）就是在该观点的基础上，完成了古典力学的体系化。这么看来，我们也不能把 n 维空间视为虚构的童话世界而拒之门外。

下面让我们重温 n 维空间这一构想的发展历程吧。

在一维到三维空间的发展道路上，“观察之眼”与“计算之手”相互配合，一路走下去。然而到了探究四维空间的阶段，“计算之手”就不得不孤独前行了。“距离”从此丧失了直观的意义，只有

$$d(P, P') = \sqrt{(x_1 - x_1{}')^2 + \cdots + (x_n - x_n{}')^2}$$

这个算式能够成为我们唯一的线索。在考虑三维以上空间时，我们转变了思考方式。这种灵活变通般的转换，也许会令初学者不知所措，也肯定会引起某些人的反感，这是因为“灵活变通”与“毫无原则”在某种意义上是相近的。但是，在这种“灵活变通”或者“毫无原则”中，却蕴藏着推动现代数学发展的强大动力。

在构思 n 维空间的过程中，我们需要注意直观与逻辑的密切协作。我们先天的肉眼能观察到的极限就是三维空间，其后要想观察更复杂的高维空间则只能暂且闭上眼，让“计算之手”依据逻辑去单独行动。如此一来，我们便能“观察”高维度的空间了。不过，这并非意味着肉眼的完全紧闭。这就好比人突然进入黑暗

的环境中，一开始什么也看不见，而当眼睛适应黑暗之后，就能逐渐模模糊糊地看到周围一样，我们也有可能根据计算结果“看见”高维空间。

接下来，让我用下面的例子来解释直观与逻辑的作用吧。在飞行员的飞行训练中，飞行员在最初阶段需要通过眼睛和耳朵掌握飞行技能。之后，飞行员就必须接受盲飞的训练了。这就意味着飞行员的直观视觉和听觉都要被封闭起来，飞行员不得不完全依赖机舱内的仪表进行飞行。我们在研究高维空间时，依赖的以逻辑为基础的算式和数，无疑就相当于飞机的仪表。

说到这里的盲飞，我们不禁会想到世界级的数学大师庞特里亚金（1908—1988）。庞特里亚金在13岁时，因为一次爆炸事故而双目失明，从此坠入永远黑暗的世界。双目失明的少年，为何能成为世界级的数学大师？我们不得不说他的成功的确是一个奇迹。

当然，庞特里亚金能成为一名伟大的数学家，还要得益于向残障人士伸出援助之手的社会环境。除此之外，支撑他走向成功的则更多是来自母亲的爱。他的母亲只不过是一个没有什么文化的裁缝，不过她坚持每天都带庞特里亚金去学校学习，并为他朗读所有的教科书和文献。最终，庞特里亚金成功加入了世界拓扑学大师亚历山德罗夫（1896—1982）统领的学派，随后便崭露头角，年仅24岁就成为莫斯科大学的教授。

在庞特里亚金的诸多伟绩之中，最著名的就是以他本人名字命名的“对偶定理”，相信阅读过庞特里亚金论文的人都会情不自禁地感慨于他那深邃而敏锐的空间直观力。在他的论文中，经常会出现将高于三维空间的高维空间中的图形，如平面图形一般轻松处理的情况。

“盲人几何学家”的说法确实像“单腿马拉松选手”“聋哑人声乐家”那样，听起来有些奇怪。不过，对于庞特里亚金而言，双目失明可能反倒促进了他的高维空间直观力的发展。根据逻辑精炼出的高维直观力，正是在研究数学时需要具备的一种能力。大量经验告诉我们，盲人的空间感往往胜于常人，而庞特里亚金的失明与贝多芬的失聪，很有可能会成为神经科学研究者、心理学家感兴趣的课题。

言归正传，从 n 维出发，向无穷维度挺进的道路是平坦顺畅的。测定“点”的位置需要确定无穷（可数）个坐标 $P=(x_1, x_2, \cdots, x_n, \cdots)$，它与“点” $P'=(x_1', x_2', \cdots, x_n', \cdots)$ 之间的距离可以用

$$d(P,P')=\sqrt{(x_1-x_1')^2+(x_2-x_2')^2+\cdots+(x_n-x_n')^2+\cdots}$$

表示。但是，此时的坐标并不是一个任意的数，它要满足

$$x_1{}^2+x_2{}^2+\cdots+x_n{}^2+\cdots$$

是有限的这一附加条件。如此一来，我们仍然可以通过计算证明，测定出的“距离”满足作为距离资格的四个条件。

作为量子力学的基础的希尔伯特空间，就是这种无穷维空

间中的一个。例如，电子的状态就可以用该空间内的“点”来表示。

我们从一维的直线出发，从三维迈向四维，然后来到 n 维，最终抵达了无穷维的空间。另外，尽管这些空间的维度不同，但全都具有满足作为距离资格的四个条件的“距离”。无论空间的维度如何，只要具有满足作为距离资格的四个条件的“距离”，我们就把这种空间统称为“距离空间”。

下面我们要再次罗列出距离空间的定义。

（1）这是一个自身包含的元素被称为“点”的集合。

（2）该集合中的任意两个元素，也就是两个“点” P, P' 的距离对应特定的非负实数 $d(P, P')$。

（3）$d(P, P) = 0$。若 $d(P, P') = 0$，则 $P = P'$。

（4）$d(P, P') = d(P', P)$。

（5）$d(P, P'') \leqslant d(P, P') + d(P', P'')$。

接下来我将举出两三个例子，以说明在这种距离空间中其实包含着广阔的“空间”。

假设平面上所有圆的集合为 R，且该集合的基数为 $\mathfrak{c}$。让我们来试着定义该集合中的“距离”吧。如下所述，我们这样定义两个“点”，也就是这里的两个圆之间的“距离”。两个圆的位置会有图 3-3 中的三种情况。无论哪种情况，我们都令二者不重叠部分的面积（斜线部分）为两个圆之间的，即两个“点”之间的“距离”。

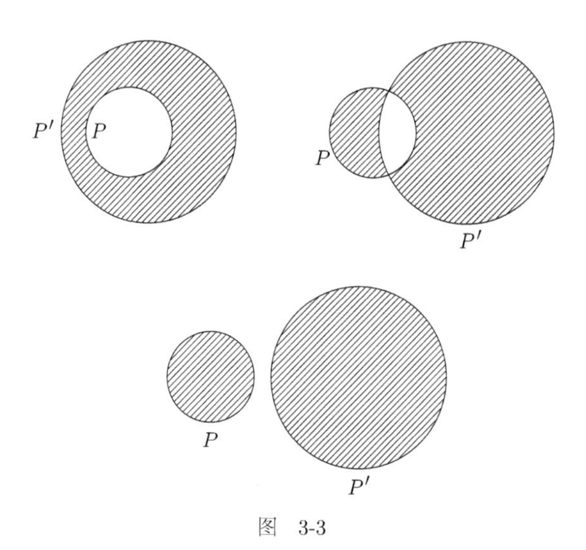

图 3-3

如此定义的“距离” $d(P, P')$ 满足所有前文所述的距离资格条件，其证明过程就留给各位读者去尝试练习吧。像这样定义了“距离”的距离空间 R，其中的“点”其实是我们通常所说的圆。

下面我们来看一看函数变成“点”的空间，也就是函数空间。

假设在区间 0 到 1 内的连续函数

$$y = f(x)$$

的所有集合为 R。该空间的“点”其实是函数。那么，我们该如何定义这样的两个“点”，即两个函数之间的“距离”呢？

我们可以试着把函数转换成图像（图 3-4）。

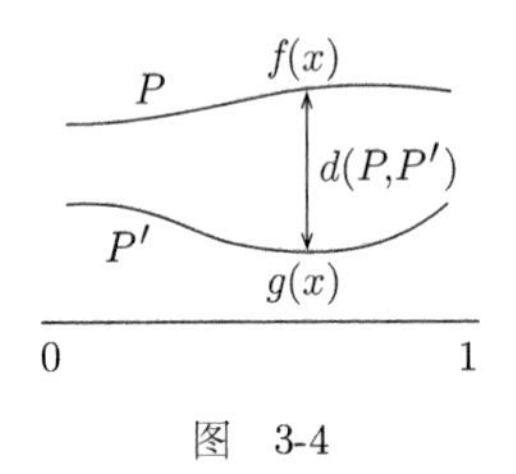

图 3-4

对于两个“点” P, P'，或者说两个函数 $f(x), g(x)$ 的“距离”，我们可以如下寻找。画出两个函数的图像，对于同一 x，两个函数图像之间的最大间隙，就是两个函数的“距离”。

我们通过逐一计算，可以确认这个“距离”满足作为距离资格的四个条件。

这种将函数视为“点”的空间，叫作函数空间。这一构想是由法国数学家弗雷歇创立的，后经波兰数学家巴拿赫（1892—1945）的研究，取得了进一步发展。以巴拿赫的名字命名的巴拿赫空间，将几何学的直观性导入了分析学之中，成为了现代分析学中不可或缺的有力武器。

将探寻函数的秘密作为主要任务之一的现代分析学家，并非像以前的研究者那样，始终忠于“函数即图像”这种笛卡儿式的做法。从某种意义上说，现代分析学家是非常善变的，他们也会把函数看作某个空间内的“点”。在这一瞬间，现代分析学家摇身一变，成为了一位几何学家。可以说，这种随心所欲的变身，正是“数学的自由性”的一种具体表现。

在此，我想起了著名几何学家维布伦（1880—1960）和怀特海（1904—1960）说过的话。

他们在陈述几何学的定义时，曾发出以下感叹。

“恐怕几何学中的所有客观定义，涵盖了整个数学领域。”

这一声叹息——也许是欣慰的慨叹——无疑也同样适用于表述分析学和代数学的情况。我们同样无法想出一种没有涵盖整个数学领域的分析学或代数学的定义。

当被别人问到“你是代数学家、几何学家还是分析学家”时，现代数学家恐怕要先迟疑一会儿，然后再回答“我是数学家”。

难得的是，与现实世界相比，数学的世界更加接近“统一的世界”。可以说，在数学世界中，不同领域之间，并不存在难以逾越的壁垒。

的确，任何人都无法否认，现代数学的目标就是要构建“统一的数学”。在现代数学世界中，各个角落的历史遗留壁垒都已经被彻底清除，在任何地方的新发现，都会在短短几天内波及整个数学世界。

然而，我们可能永远等不到数学家为“整个数学领域已被统一”而发出欢呼声的那一天了。即使数学家真的迎来了这样的一天，那么他们也会像面对“一瞬间”的浮士德那样喊出：“停一停吧，你真美丽！”在庆祝“统一的数学”的瞬间被送往墓地吧。这是因为，在以“统一的数学”为奋斗目标的数学家面前，势必会有超出其能力的新问题，源源不断地从其他学科中涌过来。

如果数学家无视其他学科的发展，并且逃避研究物理学、化学、天文学、统计学等领域中出现的新问题，那么数学这门学科就会停止发展，最终必然走向灭亡。

让我们重新回到拓扑学的话题上来。对于把圆或函数看作“点”这一做法，有的人会对数学家的“灵活变通”惊叹不已，而有的人则会因对数学家的“毫无原则”而感到愤怒。既然已经确立了“函数即为图像”这一观点，那么这种把函数视为“点”的做法就不妥当了吧？

在现代数学领域中，我们确实找不出比“点”含义更丰富的词语了。如果非要勉强找出与“点”的丰富语义相当的词语，恐怕只有以前所说的“神”这个词了。对于几何学家而言，“点”的意思为普通的点；对于分析学家而言，“点”的意思为函数；对于概率论的研究者而言，“点”的意思为“事件”；对于原子物理学家而言，“点”的意思为“电子的状态”。

我早已预料到，会有人对这种“点”产生异议，所以才特意为“点”加上了引号。我们需要注意的是，“点”在这里的意思仅为“不可再被细分的某种东西”。

“点是没有部分和大小的东西”，这是欧几里得给出的点的定义。当时在他的认知里，“点”这个名词代表的大概只是个小黑点。给出了“点”的完美定义的欧几里得，可能做梦都不会想到，“点”的定义会在两千年后扩展到如此大的程度。

虽然“距离空间”确实巧妙且有用，但是在大家的头脑中肯定都会浮现出这样的疑问：“这难道不是在现实中根本就不存在的虚幻世界吗?”《伊索寓言》里的故事都富有深意和启示性，但从狐狸和羊等动物会说话这一点来看，这些故事也只不过是人类虚构出的。照此看来，与之类似的“距离空间”，难道不也是一种“虚构的故事”吗?

估计没人能鼓起勇气去主张，“距离空间”像桌子和铅笔那样是实际存在的。“距离空间”大概并不是一种“存在的空间”，而是“被创造出来的空间”。但是，如果我们将“距离空间”完全断定为一种“虚构的故事”，那么数学家肯定不会同意。

让我们借助一个比喻来看一下吧。大家都知道，人造橡胶现在的确是实际存在的，但它的存在方式却与天然橡胶的存在方式截然不同，因为人造橡胶是经过化学家的高强度“人工操作”之后，才得以实际存在的。

那么，我们为什么不能主张，经过数学家的高强度“人工操作”，也就是逻辑性操作后得到的“距离空间”，也像人造橡胶那样是实际存在的呢?如果将我们所在的三维空间称为“天然空间”，那么不妨将“距离空间”称为“人造空间”。

尽管如此，我们仍然不能否认数学与寓言、漫画之间存在若干相似之处。可以说，寓言作家和漫画家喜欢大胆地运用抽象手法，这种做法与数学家的做法非常相似。从某种意义上讲，最能理解现代数学的人，或许是寓言作家和漫画家。

我们通过利用“距离”这一手段，抵达了意味深长的“距离空间”，现在却不得不和“距离”这个观点说再见了。这是因为在数学接下来的发展过程中，“距离”不仅无用，而且反而会成为阻碍。

要想理解其中的道理，我们就不得不回到拓扑学这门学问原本的特征上来。

进入 20 世纪后，拓扑学的发展取得了诸多成果。亚历山德罗夫与霍普夫合著的《拓扑学 I 》汇集了这些成果。这本书在开头部分，对拓扑学做出了如下规定。

“拓扑学是连续性的几何学。”

要理解这句话的意思，需要相当多的背景知识，所以让我们在此稍微回顾一下历史吧。

19 世纪后半叶至 20 世纪初，亨利 · 庞加莱把研究的触角几乎伸向了数学的所有领域，并在各个领域都创下了不朽的业绩，在拓扑学方面的业绩尤为突出。他的通俗读物《空间为什么是三维的》(晚年的思想) 就解释了“连续性的几何学”到底具有怎样的含义。

假设平面上有一个由橡胶制成的圆圈 (橡胶圈)。我们可以使其发生连续的变化，让这个圆变成椭圆或正方形等多种形状。

这种变化是极其自由的，类似于软体动物的运动。即便如此，它也仍然有一定限度。也就是说，无论发生什么样的变化，这个橡胶圈都不能“自缢”，比如变成数字 8 的形状。

一旦发生这种类似于软体动物的运动，那么无论是长度还是弯曲情况，橡胶圈的所有性质几乎都会被彻底改变。但真的是

“所有”性质吗？难道就没有一个能经受住这种变化的冲击，而残存下来的性质吗？幸免于难的性质确实不多，但也不是一个都没有。例如“这个橡胶圈把平面分成内、外两部分”，这一性质就在所有软体动物式的运动中幸存了下来。不管橡胶圈变成圆形、椭圆形还是正方形，这个性质都保持不变。

那么，下面就让我们把这个形容变化的笼统概念，即“软体动物式的运动”转换成更加准确的数学语言吧。

当橡胶圈从圆形变成椭圆形时（图 3-5），我们首先可以掌握以下两点。

（1）圆上的一点必定转变成了椭圆上的某个点，椭圆上的任意一点也都由圆上的某一点转变而来。这无非是康托尔所说的一一对应。

（2）圆上距离非常近的两点，转变成了在椭圆上距离依然非常近的两点。用数学家惯用的语言来说，这就是所谓的“连续性”。反言之，椭圆上距离非常近的两点，也对应圆上距离非常近的两点。也就是说，这种对应关系来自于圆和椭圆的连续性。

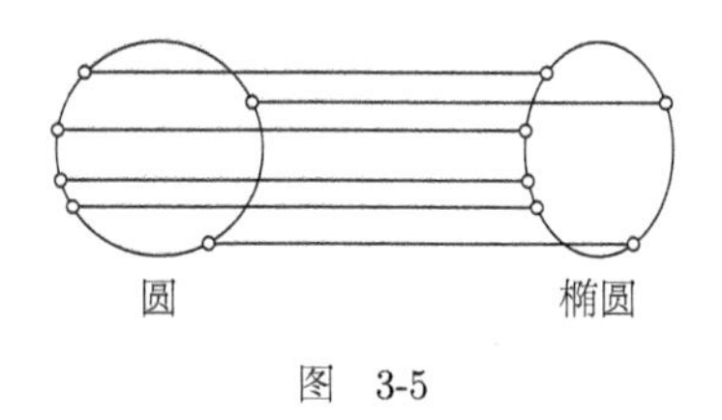

图　3-5

第一个条件是集合论的观点，而第二个条件则与集合论不同，它是一个新条件。可以说，这个条件是尊重“远近关系”的。这里的第二个条件正是拓扑学的观点，我们把同时满足第一个条件和第二个条件的对应或者映射，叫作拓扑映射。

拓扑学的任务就是根据拓扑映射，研究不变的点的集合或图形的所有性质。到这里，我们在一开始就提到过那句话——拓扑学是连续性的几何学——的意思就逐渐明朗起来。

根据第 1 章的内容，我们已经知道康托尔的一一对应破坏了点集合的维度。那么，如果加上第二个连续性的条件，维度的情况会变得如何呢？荷兰数学家布劳威尔（1881—1966），率先根据拓扑映射证明了维数的拓扑不变性。因此，维度的观点虽然处在集合论的框架之外，却在拓扑学的研究范围之内。

当圆上有一点 P 与椭圆上的一点 Q 对应时，我们可以用图来表示这两个点附近的对应状态（图 3-6）。

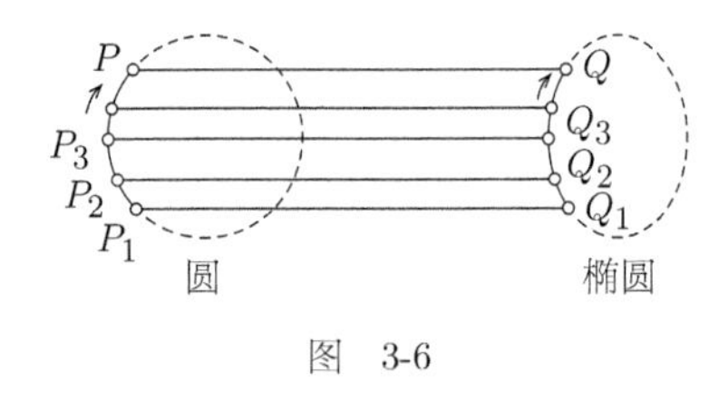

图 3-6

若圆上存在逐渐向点 P 靠近的点列

$$P_1, P_2, P_3, P_4, \cdots, P_n, \cdots \to P$$

则与之对应的椭圆上，也能形成对应的点列

$$Q_1, Q_2, Q_3, \cdots, Q_n, \cdots$$

我们知道这个椭圆上的点列，也无限接近于与 P 对应的 Q。但在这种情况下，“接近”也不一定意味着像的距离与原像的距离相等。

让我们来思考一下这个事实的本质吧。若令圆上的点的集合为 M，则其基数的确为 $\mathfrak{c}$，而 M 的所有子集的集合 $\mathfrak{M}$ 则具有大于 $\mathfrak{c}$ 的基数，这是康托尔已经证明过的内容。在此我们试着从 $\mathfrak{M}$ 中挑选出具有特殊性质的子集。

我们能发现，在上面的例子中扮演重要角色的步骤是“选取极限”。

$$P_1, P_2, P_3, \cdots, P_n, \cdots$$

这个点列的极限点为 P。现在如果假设 M 的子集 N 包含点列和极限点 P，

$$N = \{P_1, P_2, \cdots, P_n, \cdots, P\}$$

那么无论如何选取属于 N 的点列的极限，N 都包含这个极限点。对于这种在进行“选取极限”的步骤时具有封闭性的子集，我们称之为“闭集”。“封闭性”一词在现代数学的所有领域中都露过面，它适用于这样一种情况：在某个集合的范围内可以自由地进行某种运算，而无须借用集合外的新元素。也就是说，对于某种运算，集合能实现自给自足。例如，在全体自然数的集合中定义

的加法运算就具有封闭性。也就是说，由于任意自然数相加所得之和仍为自然数，所以无须借用自然数以外的数。与之相反，自然数的减法运算就不具有封闭性了，因为减法运算的结果有可能是不属于自然数的负数。

然而，从 N 中去掉 P 后得到的子集 $N^*=\{P_1,P_2,P_3,\cdots\}$ 就已经不是闭集了。

因此，M 的所有子集的集合 $\mathfrak{M}$，大致可以分为闭集和非闭集两类。

于是，由圆上的点列 $P_1,P_2,P_3,\cdots$ 与极限点 P 组成的子集 N 是闭集，由它们的像 $Q_1,Q_2,Q_3,\cdots,Q$ 组成的椭圆的子集 N' 也是闭集。

另外，若 N' 为闭集，则 $Q_1,Q_2,Q_3,\cdots$ 的极限为 Q，这是不言而喻的。

总而言之，在从圆到椭圆的一对一的连续映射，也就是拓扑映射中，子集是否为闭集的划分标准是不变的。因此在拓扑映射中，判断“子集是否为闭集”的标准具有“稳定性”。

不过，如果要深究“是否为闭集”这种划分标准的原因，那么可以说根源正在于距离。但是，这里颠倒了起点和终点的顺序，变成从终点出发、奔向起点。也就是说，是从“闭集与非闭集的区别”出发，去看一看情况会如何。

以集合 M 的子集是否为闭集的区别为线索，我们就能以此为切入点来定义 M 的拓扑性质。这种定义的特征就是，完全不需要距离出面。我们已经熟知的一点是，在拓扑映射中，距离由于所谓的“软体动物式的运动”而彻底发生了变化。以面目全非的距离为根基来构筑拓扑学这门学问的做法，即便没有任何错误，也绝对不是一种上策。

在此，让我们把“是否具有封闭性”的划分标准作为拓扑学的出发点吧。拓扑空间就是如此出现的。

在详细解释拓扑空间之前，让我们重新回顾一下走过的道路吧。

最初我们的起点是距离，然后在距离这一观点的引导下得到了闭集这个新观点。随后，我们又从闭集这一观点重新出发。此时，距离的观点已经退居幕后，并在此与闭集完成了主角的交接。在以闭集为根基研究空间的过程中，如果再次得到了与距离空间相同的东西，那么更换主角也就没有什么效果。然而事实却并非如此，我们发现以闭集为根基的拓扑空间，要远远比最初的起点——距离空间广阔。

这种频繁更换主角的现象，是现代数学方法的特征。另外，这种做法也可能是令初学者摸不着头脑的主要原因。正如在学习外语时不能忽视“发音”一样，学习数学时也不能忽视对“主角”的思考。从这个角度看，数学的“发音”可谓是经常变动，对初学者来说确实比较麻烦。

从距离出发抵达闭集，然后再从闭集反向出发，去攀登比距离这个起点更高的山峰，这种做法或许会让各位联想到火车爬陡坡时所走的人字形线路。从 A 点到达 B 点，再从 B 点掉头返回 A 点的方向。不过，此时并非要再次回到同一点 A，而是要到达比 A 点位置更高的点 A'（图 3-7）。

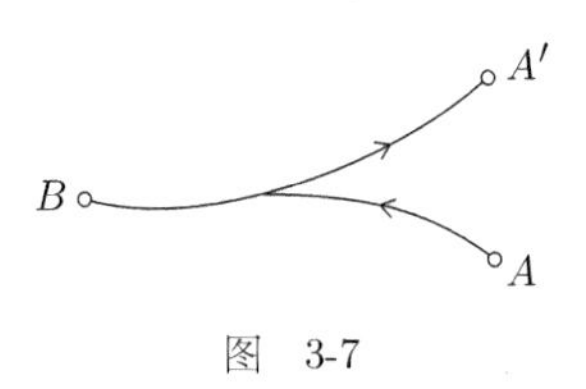

图　3-7

这种进行推理的人字形线路，是数学家惯用的方法。大多数情况下，数学家会将“若 A 则 B”的命题转换成“若 B 则 A”的形式。虽然第二个命题中的 A 与原命题中的 A 具有相同的名称，但内容却要比原来丰富很多。19 世纪最有才华、最活跃的德国数学家雅可比（1804—1851）甚至这样告诉我们：“要经常反过来思考。”

通过这种逻辑性的人字形线路得到的拓扑空间，不仅包含距离空间，还包含其他种类的空间。

接下来就让我们看一看拓扑空间的真正定义吧。首先，要有一个集合 M。这个 M 是集合论层面的集合，其各个元素，也就是“点”之间，尚未定义任何相互关系。可以说，M 处于开天辟地之前的混沌状态。即使由 M 的所有子集可以构成集合 $\mathfrak{M}$，但也没有能够区分 $\mathfrak{M}$ 的元素，即区分 M 的子集中哪些是闭集、哪些不是闭集的标准。

虽然在$\mathfrak{M}$中有“闭集”和“非闭集”的区别，但其定义方式却并非是完全随意的。让我们来研究一下其必须具备的最小限度的条件是什么吧。我们先来看看最简单的线段上的点的集合（图 3-8）。

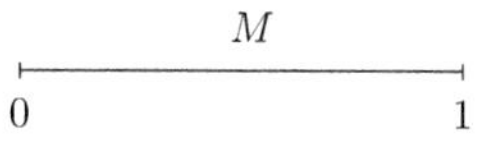

M

0　　　　　　　　1

图　3-8

（1）在线段M的子集中，M自身也是闭集。这是因为无论如何选取极限，结果都必将包含在M自身之中。

（2）空集为闭集。

（3）两个闭集A和B的并集$A+B$也是闭集。这是因为当属于$A+B$的点$P_1, P_2, P_3, \cdots$接近点P时，在这个无穷的点列中，必然包含属于A或B的无穷个子列。

如果该子列$P_1{}', P_2{}', \cdots$属于A，那么根据A为闭集可知，其极限点P也属于A。只要极限点属于A，就会属于$A+B$，这是不言而喻的。属于B的情况也一样。因此，两个闭集A和B的并集$A+B$是闭集。

（4）如果$A, B, C, \cdots$全是闭集，那么它们的交集N也是闭集。如果靠近某个极限点P的点列$P_1, P_2, P_3, \cdots$属于N，那么它也属于$A, B, \cdots$中的任意一个集合。由于A是闭集，所以P属于A。B的情况也完全相同，所以P也属于B。同理可知，P也都属于$C, \cdots$。因此，P当然属于这些闭集的交集N。N也是闭集。

我们把以上（1），（2），（3），（4）这四个条件视为闭集应该满足的最小限度的条件。

于是，对于拓扑空间的定义，我们可以进行如下描述。

（1）M 是元素被称为“点”的集合，并且必须指定其子集是否均为“闭集”。

（2）M 自身及空集都被指定为闭集。

（3）两个闭集的并集为闭集。

（4）有限或无穷个闭集的交集也是闭集。

满足以上四点的集合 M 叫作拓扑空间。因此，拓扑空间是在集合论层面的集合 M 的基础上，指定子集为闭集的集合。一旦指定集合 M 为闭集，我们就能把远与近的观点带入 M 了。这一过程被称为拓扑化。针对同一个集合，有无数种将其拓扑化的方法，这是不言自明的。

不过，正如同一个集合存在不同拓扑化方法一样，不同的集合也会存在相同的拓扑化方法。在代数范畴内，两个群同构是指具有一对一映射的结合，而在拓扑学的范畴内则是指具有拓扑，也就是有不改变指定闭集的一对一的像。

对于两个拓扑空间 M 和 M' 而言，如果二者的闭集具有一一对应的关系，且 M 和 M' 也一一对应，那么就可以说 M 和 M' 是同构的。

需要注意的是，这一定义中，并没有出现距离等对于拓扑学来说属于外来概念的词汇。

下面我们来看一看 M 与 M' 不是同构关系时，即稍微将条件放宽一些时的映射情况，此时。假设存在从 M 中的点到 M' 中的点的映射，并且这种对应关系未必都是一对一的，也可以多对一。在这种情况下，M 中的点一定仅对应 M' 中的一个点，那么此时映射的连续性到底是什么意思呢？一般情况下，在 M 的子集 A 中存在收敛于一点 a 的点列

$$a_1, a_2, a_3, \cdots, a_n, \cdots \to a$$

让我们令其在 φ 的映射下与 M' 中的点

$$\varphi(a_1), \varphi(a_2), \varphi(a_3), \cdots, \varphi(a)$$

形成映射关系，此时 φ 的连续性就是指点列 $\varphi(a_n), \cdots$ 收敛于 $\varphi(a)$。因此，如果 M' 的某个集合 A 为闭集，那么 $\varphi(a_n)$ 和 $\varphi(a)$ 都应该在 A 中。此时在 φ 的映射中，与 A 对应的 M 中的所有点都叫作 A 的原像，若用 $\varphi^{-1}(A)$ 表示，则 $\varphi^{-1}(A)$ 包含 $a_1, a_2, a_3, \cdots$ 以及 a。也就是说，它是一个闭集。

因此，如果存在从 M 到 M' 的连续映射，那么 M' 的闭集的原像也总是闭集。这也是连续映射的定义。

下面就让我为大家列举几个拓扑空间的例子吧。首先要举出的就是一个看上去似乎违背了常识的“拓扑空间”的奇特实例，而之所以说它奇特，就是因为它几乎完全不符合我们对“空间”的定义。

让我们再次引用曾在上一章中使用过的赖朝的家谱吧（图 3-9）。

此时，我们提到的“点”就是指每个人，而这 5 个“点”汇集在一起就构成了拓扑空间。若用 M 表示这 5 个“点”的集合，则可将其写成

义朝
政子 赖朝
实朝 赖家

图 3-9

$$M = \{\text{义朝，赖朝，政子，赖家，实朝}\}$$

的形式。

如果构建由 M 的所有子集组成的集合 $\mathfrak{M}$，那么就能得到一个包含空集在内共有 $2^5 = 32$ 个元素的集合。

这只不过是康托尔层面的集合而已。若想令其成为拓扑空间，则必须区分 $\mathfrak{M}$ 中的闭集和非闭集的子集。让我们通过以下规则来指定它的闭集吧。

“在此指定，如果包含 a 这个人，那么包含 a 的所有子孙后代的子集为闭集。”另外将空集归入闭集的类别当中。由此规则可知，因为 { 义朝，赖朝 } 这个子集在包含赖朝的同时不包含赖家和实朝，所以它不能接受闭集的指定，而利用这个规则构建的闭集共有以下 9 个。

{ 义朝，赖朝，政子，赖家，实朝 }（全集）

{ 义朝，赖朝，赖家，实朝 }

{ 赖朝，政子，赖家，实朝 }

{ 赖朝，赖家，实朝 }

{ 政子，赖家，实朝 }

{ 赖家，实朝 }

{ 赖家 }

{ 实朝 }

{ 　} (空集)

在这种情况下，32 个子集中仅有 9 个为闭集，剩余的 23 个都不是闭集。

那么，我们必须验证这样的闭集是否满足前面列出的条件。经过验证，我们发现它们确实全都满足闭集的条件。

如此一来，虽然姑且算是产生了一个拓扑空间，但显然这个空间与一般意义上的空间相差甚远。有的人甚至可能会觉得，把这种东西称为空间的观点本身就是荒谬的。不过，这种空间可以说是以血缘关系为空间模型构建出来的。在这种空间中，各个“点”表示的不是每个人居住的空间位置之间的远近程度，而是呈现了与之完全不同的血缘关系的远近程度。通过这种拓扑空间，我们的确可以了解所有血缘关系。那么，我们来调查一下判断两个“点”，也就是两个人之间，是否具有子孙后代关系的标准是什么吧。从之前的闭集名单中挑出包含 a 这个“点”，即 a 这个人的闭集。如果这些闭集均包含 b，那么由此可知 b 是 a 的子孙后代。因此，即便作为最初的出发点的赖朝家谱不幸遗失了，只要保留了闭集的名单，就能让消失的家谱重生。

因此，M 的血缘关系全都可以根据 M 的拓扑化，也就是闭集的名单而被逆向推导出来。

我们可以从中获知很多信息。第一，正如本章开头所述，在我们的思维方式中存在根深蒂固的空间化倾向，在拓扑学中也包含着如此广义的空间化方向，并且超越了狭义的几何学。

第二，现代数学实质上具有一种倾向，即离“数的学问”的立场越来越远。我们认为，这一点对于除数学以外的其他学科，也具有无法忽视的重要意义。到目前为止，可运用数学的学科仅限于物理学、天文学、化学的一部分以及统计学等。此前，为了能利用数学这个武器进行研究，研究对象在某种意义上都是以被精密量化为前提的。但是，并非所有科学都能被量化。另外，指责不能量化的科学是不精密的科学，这不仅是心胸狭窄的表现，而且也是一种错误的行为。这样的科学，在以前几乎没有直接利用数学的机会。

然而，正如前面的例子所展示的那样，如果连不能被量化的血缘关系都可以被纳入数学的框架，那么是不是意味着，这也为以前因难以被量化而被禁止利用数学的领域开辟了可行的道路呢？例如在对难以量化的性质进行“是否相似”的比较时，或许可以使用拓扑化的方法对其进行“翻译”。

下面让我再举一个看上去更像空间的空间实例吧，它就是我们所处的三维空间的起点——直线。当我们面对一条直线时，请不要考虑它的性质，例如它是笔直的、用尺子可测量的、具有左右顺序等，而是仅将其视为一个基数为 $\mathbf{c}$ 且由点聚集而成的集合

M。在由集合 M 的所有子集构成的集合 $\mathfrak{M}$ 中，通过指定闭集的方法，在 M 上规定一个拓扑空间。这种指定方法规定了直线的拓扑，当我们面对被如此规定出来的直线时，必须转换用初等几何和微分去思考直线的思路。我们必须认为，拓扑学中的直线，代表直线与拓扑映射形成的拓扑空间中的一切。换言之，虽然称其为直线，但它其实是一条曲线在做“软体动物式运动”的过程中被抓拍到的照片。我们只不过是在它偶然形成一条直线的瞬间按下了快门而已，在其他瞬间按下快门时或许会捕捉到波浪线（图 3-10）。

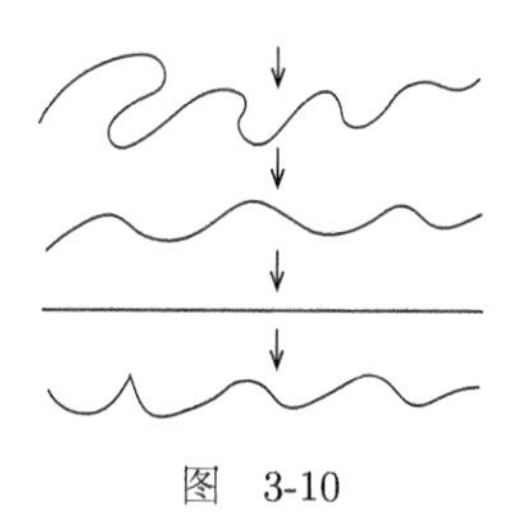

图 3-10

从 M 中去掉闭集后，剩下的集合就叫作“开集”。下面让我们来看看开集。那么，开集具有什么样的特征呢？这当然应该从闭集的特征进行推导。

由于开集是闭集的补集，所以首先，作为全集的补集的空集，和作为空集的补集的全集，都必然是开集。因此，全集与空集都是闭集的同时也都是开集。

两个闭集的并集仍为闭集，若将其翻译成开集的语言，则为开集的交集仍是开集（图 3-11）。

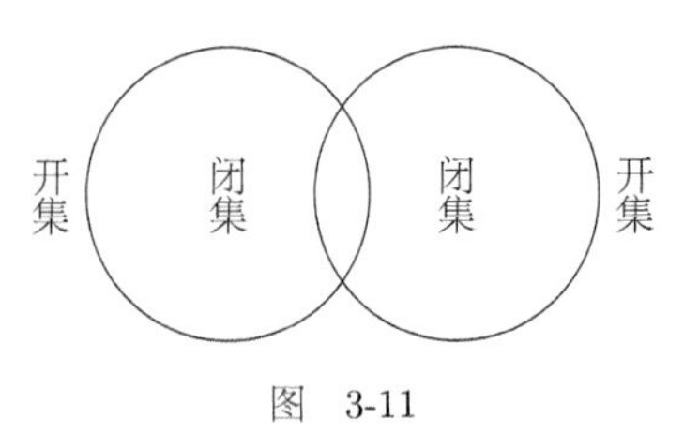

图 3-11

另外，由于闭集的交集可以转译成开集的并集，因而任意多个开集的并集仍为开集。

以指定满足这些条件的开集为出发点，完全可以得到相同的拓扑空间，这是不言而喻的。

对于一条直线这个拓扑空间内的开集而言，如果从中选取以属于该开集的任意一点 a 为中心的十分狭小的区间，那么该区间内的所有点都包含在该开集之中。简而言之，利用以该集合中的任意点为中心的某个区间，就能使其从该集合的补集中分离出来。在这种情况下，以 a 为中心的开区间扮演了十分重要的角色，我们将其命名为点 a 的“邻域”。当然，一个点有无数个邻域。即使以邻域作为拓扑学的出发点，最终得到的结果也是一样的。这就好比社会中的一个人，并非仅是由全人类组成的集合 M 中的一个元素，这个人也属于国家、城市、政党、家族、工作单位等各种大大小小的 M 的子集。同理，拓扑空间中的各个点也属于各种不同的邻域。

那么，在平面这个拓扑空间中又该如何规定邻域呢？当然，我们只要令以一个点为中心的圆为邻域就可以了，根据此种选取邻域的方式能完全确定一个拓扑空间（图 3-12）。从某种意义上讲，邻域具有让一个点区别于其他点的作用。下面让我们再来看看空间是否连通的问题。

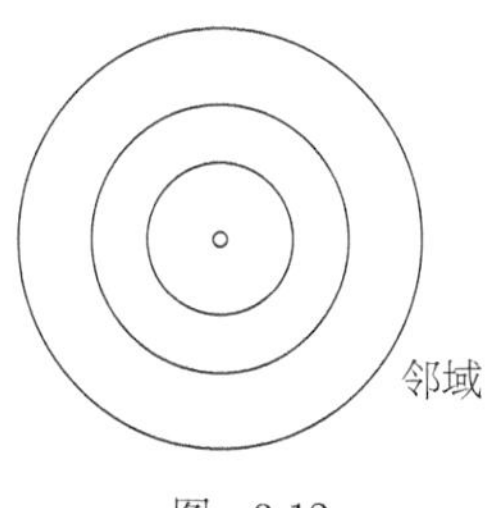

图 3-12

当一条直线摆在眼前时，我们会发现直线上没有断开的地方，它是完全相连的，数学家把这一性质叫作“连通性”。那么，让我们通过直观的感觉，根据严密的逻辑来理解连通的性质，也就是将其转换成闭集的语言吧。所谓连通性，肯定是指无法分割成两部分的性质，但是这里的“分割”并不是无条件的，这是因为利用一个点 a 可以把一条直线分成左右两部分。不过，此时如果把分割点 a 归入右侧的子集 A，那么直线的确可以被表示为子集 A 与 B 的和，而此时 A 与 B 是没有交集的（图 3-13）。也就是说，这条连通的直线可以被分成两个子集。那么，我们该如何思考连通的性质呢？让我们在此引用一下亚里士多德的名言吧。正是他证明了直线是无法被分割的，并且说出了下面的话。

“当用一个点把连通的直线分割成两部分时，该点可以被统计为 2 个点，因为它既是起点，又是终点……”

$B \quad a \quad A$

图 3-13

把亚里士多德的话翻译成便于我们理解的语言就是，如果这两部分都维持各自的原状，那么是无法形成闭集的，而要想使其成为闭集则可能意味着不得不把分割点计为 2 个点。于是，我们或许可以这样定义连通。

“当一个集合无法被分成两个没有交集的非空闭集时，该集合就是连通的。”

根据这一定义，闭集的语言从逻辑上印证了直线的连通性。如果把这个定义应用于前文中的赖朝的“空间”，那么我们应该不难发现，该“空间”的确无法被分割成闭集。这个由人组成的集合是在亲戚关系上连通的。

正如社会上存在不属于任何团体的人一样，空间中也可能存在邻域为其自身的孤点。例如，在直线上存在由 −1 这个点和所有正的点组成的集合，此时 −1 就是该空间中的孤点（图 3-14）。

$-1 \quad 0$

图 3-14

在最极端的情况下，空间中的所有点都可能是孤点。在这样的空间中，所有点都是邻域，也就是开集，因此所有的子集都是开集。反过来说，$\mathfrak{M}$ 的所有元素都是闭集，这是在 $\mathfrak{M}$ 中指定闭集最多的情况。在这种情况下，各个点之间完全不存在连接的空间性关系，可以说此时拓扑是最弱的。这其实就是康托尔的集合论的立场。也就是说，即使是在同一个集合 M 中，对于 $\mathfrak{M}$ 指定的闭集越多，拓扑也就越弱。如果拿社会来打比方，那么就可以说，社会只不过是由相互之间毫无关系、独立生存的人组成的“陌生人人群”而已。那么，与之相反的拓扑极强的情况又是如何呢？只有 M 这一空间自身与空集被指定为闭集时，拓扑才会极强。在这种情况下，社会性的制约过于强大，甚至可以与个体无法单独存在的蜜蜂社会相匹敌。当然，在一般的拓扑空间中，拓扑的强弱也会根据闭集的数量，而处于这两种极端的情况之间。

让我们再次引出赖朝的“空间”吧。在此我们做一个非常大胆的假设，即假设赖朝和政子离婚了，政子在与源氏家族断绝了一切关系后回到了娘家。此时，家谱如图 3-15 所示。在不指定该家谱的闭集的前提下，如果想看到这个“空间”发生了什么变化，就有必要在前面的闭集名单中添加以下闭集。

义朝
赖朝　政子
赖家　实朝

图　3-15

{ 政子，赖家 }

{ 政子，实朝 }

{ 政子 }

由于离婚前后指定闭集的方法与之前存在差异，所以拓扑也发生了变化。当然，集合是没有发生变化的。

在新的拓扑中，全集 M 变成了

$$M = \{ \text{义朝，赖朝，赖家，实朝} \} + \{ \text{政子} \}$$

这种被分成两个闭集而不连通的情况。请大家注意，这里的“连通”一词与亲戚关系的连通是完全对应的。

只要向康托尔的集合中加入拓扑就能产生拓扑空间，而这个拓扑空间过于一般化，与我们身边的空间离得很远。拓扑空间就是我在前文中预告过的顶峰。在征服了这座顶峰之后，我们的下一个任务就要转向具体化的方向，开始从这里下山了。从最抽象的拓扑空间出发，我们这次使用具体化的方法，也可以到达最熟悉的三维空间和直线等具体的空间。为此，我们可以为闭集的指定方法添加各种各样的条件。

这种拓扑空间，也具有在本章开头提到过的空间化倾向，这是不言而喻的。另外，以拓扑空间的研究为主要任务的拓扑学，在代数学以及现代数学中占据了非常大的比重，这样的事实也绝不是出于偶然。

早在 19 世纪高斯就曾说过，拓扑学很有可能会成为数学领域中最强大的方法。高斯所言非虚，当前拓扑学的确已经渗透到了数学的所有领域，代数学、几何学、分析学中随处可以看到拓扑学的影子。可以说，拓扑学推动了数学思想的巨大变革。另外，就目前而言，任何人都不可能为拓扑学的影响力设置界限。

第4章　从群出发

当身高为小人国国民 12 倍的格列佛漂流到小人国的时候，他在小人国引起了巨大的轰动。《格列佛游记》的作者是斯威夫特，他的超凡推理能力在于，在书中准确地描绘出了 12 倍的身高所产生的所有结论，不给他人留下任何质疑和指责的余地。如果承认了格列佛的身高是小人国国民身高的 12 倍，那么就不会在故事情节中发现任何不合理之处。这种准确性令人惊叹不已，相信阅读过这个故事的人一定能够感觉到仅由直线构成的几何情景之美。但是，斯威夫特显然并不擅长计算，因为他在阐述了格列佛的饭量应该与身体的体积成正比的科学论断后，却在计算的环节给出了 $12^3 = 1724$ 的答案，而正确的计算结果应为 $12^3 = 1728$。这一计算失误或许也正是这部不朽之作的魅力所在。[4]

不只是小人国，其实在学术界也如此。如果去掉构成某一门学问的若干前提之一，或者用其他标准将其置换，那么肯定会发生类似于小人国的骚乱。例如在 19 世纪前半叶，当非欧几里得几何学出现在欧几里得几何学的世界中时，想必这件事也在当时的数学界引发了恐慌，就像小人国的国民发现格列佛漂流到本国海岸时产生的那种恐慌一样。

在从古希腊时代留存至今的大量杰作中，最为突出的著作应该就是欧几里得的《几何原本》了。这本书不仅在几千年的历史发展进程中被视为不可撼动的真理之作，而且还是一本销量仅次于《圣经》的畅销书。

当从原理上与之对立的非欧几里得几何学，漂流到欧几里得几何学的王国时，也必然会在整个国家范围内引起轰动。由于高斯在年轻的时候吃了过多的苦头，所以他在后来变得十分谨慎。虽然他是研究非欧几里得几何学的第一人，却因为担心听到“野蛮人的呐喊声”而保留了相关的研究成果。荣誉最终落在了两位年轻的数学家身上，他们虽然没有高斯那样博学多识，但不怕听到“野蛮人的呐喊声”。他们分别是匈牙利数学家鲍耶（1802—1860）和俄罗斯数学家罗巴切夫斯基（1793—1856）。在不惧怕“野蛮人”这一点上，他们二人的确是显得鲁莽了。鲍耶并不是在书房里潜心研究学术的学者，而是一位血气方刚的匈牙利陆军士官。罗巴切夫斯基据说在学生时期就在学校里闹过事。他们之所以不怕“野蛮人”，或许是因为他们自身就有点像“野蛮人”。

然而，虽然两人贡献了如此重大的发现，但此后他们却几乎放弃了学术研究领域内的一切活动，这着实令人感到不可思议。鲍耶被迫成为一名陆军士官，而罗巴切夫斯基则在喀山大学过着学者的生活。放弃研究的转变，确实会让人产生疑问。但是，我们只要阅读过罗巴切夫斯基的传记就能解开其中的谜题了。教学工作和行政琐事抹杀了罗巴切夫斯基的天赋。这位优秀的学者除了要教授数学课程，还承担着天文学和物理学的授课工作，同时也负责管理图书馆和博物馆。后来，他成为了喀山大学的校长。

托尔斯泰年轻时的梦想是当一名外交官，为此他考入喀山大学学习外语，当时的校长就是罗巴切夫斯基。罗巴切夫斯基虽然当上了校长，但他要做的杂事一点儿也没减少。兼任校长、教授、图书馆和博物馆馆长的罗巴切夫斯基，没有多余的时间潜心钻研学术，这样看来或许是理所当然的。据说有一天，一位外国知名人士到该校视察，为他带路的门卫对大学的各个角落都了如指掌，这让他感到非常佩服。于是在分别时，他给了门卫一些小费，没想到被门卫愤然地拒绝了。直到后来这位外国知名人士才得知，那个门卫其实是罗巴切夫斯基校长。虽然这种现象发生在 19 世纪的沙皇俄国，但即便进入了 20 世纪，各个国家似乎也都有优秀的学者沦为杂务的“奴隶”，而被迫放弃学术研究的例子。

非欧几里得几何学之所以在几何学的世界里掀起了一场革命，是因为它用其他公理置换了构成欧几里得几何学的公理体系的一个公设——平行公设。这条公设被称为欧几里得几何学的第五公设，自古希腊时期起就已经成为了几何学中的一大悬案。正如大胆的外科医生取出了病人的一个内脏器官，并将其置换为其他东西一样，这个平行公设也被其他的公理置换了。

“过直线外一点有且只有一条直线与已知直线平行”，这是欧几里得几何学的平行公设。罗巴切夫斯基和鲍耶的非欧几里得几何学，把“有且只有一条”这个条件置换成“有无数条”。该平行公设虽然看上去不符合逻辑，但可以与其他各项公理友好共存。这个被变更的平行公设，就相当于“身高是小人国国民 12 倍的格列佛”。

在常识的范围内，这种比寓言的假设还夸张的东西，恐怕难以得到认同。听到这个命题而发出呐喊声的绝不仅仅是“野蛮人”。虽然在《格列佛游记》的故事中不存在什么矛盾，但是从除小人国以外的其他国家的角度来看，我们难免会将其看作一个虚构的故事。在非欧几里得几何学的内部也不包含任何矛盾，如果以“常识”为判断标准，那么也会让人认为“非欧几里得几何学”只不过是一个“寓言故事”而已。然而事实的确如此吗？答案当然是否定的。克莱因和庞加莱证明了非欧几里得几何学具有远超《格列佛游记》的现实意义。这两位数学家的证明方法略有不同，我在此为大家介绍一下克莱因的方法。

想要理解关于非欧几里得几何学的克莱因模型，无论如何我们都有必要追溯到其学术研究的出发点——《埃尔朗根纲领》。

根据克莱因的自述，《埃尔朗根纲领》是在极为外在的动机的驱使下诞生的，有很多内容也是因为受到了他的朋友，即挪威数学家李（1842—1899）的“刺激”而提出的。

1872年，23岁的克莱因突然被任命为埃尔朗根大学的教授。这所大学自古以来就有一个有趣的惯例，那就是新任教授在入职时，要在全体教授面前发表演讲，介绍自己的研究项目。按照这一惯例，克莱因在匆忙整理了自己的研究内容后，发表的就是《埃尔朗根纲领》。该纲领有意识地提出了一个方法论，而正是这个方法论为近代几何学史提供了重要的转折点。它不仅对所有的几何学进行了分类，还总结出了井然有序的系谱，并且这个方法至今仍然保持着鲜活的指导力。为了说明这个纲领的意义，我们就选择射影几何学及与其关系相近的两三门几何学来进行介绍吧。

当笛卡儿在 17 世纪初发明坐标时，当时的人们以为所有的几何学都就此终结了，连笛卡儿自己似乎也是这么认为的。

在欧几里得几何学中，解决一个问题是需要具有特殊的灵感和想法的。例如，在已知的图形中选取特殊的位置添加一条新的直线（辅助线），难题便像被施加了魔法一般迎刃而解了，想必大家都有过这样的经历。这种做法令一部分人迷恋上了几何学，同时这也是让一部分人对几何学敬而远之的原因之一。然而，由于笛卡儿的坐标把所有几何学上的命题全都变成了代数算式，所以解决几何问题不再需要天才的灵感，仅凭凡人的汗水就足够了。

但事实果真如此吗？与之类似的情况也出现在俳句和短歌中，让我们从俳句的角度来一探究竟吧。俳句由 17 个假名构成，这是不可改变的规则。由于日本的假名包括浊音在内共计 111 个，所以俳句的总数不会超过 111^{17} 个，学过排列理论的人应该很容易理解这一点。俳句的数量的确是有限的，即使是人类数不过来的数目，我们通过计算也能使结果变得一目了然。而且在被如此机械性地排列出来的、由 17 个假名构成的语句中，大部分都只不过是一些没有任何意义的胡话而已。从中挑选出有意义的语句必然需要超乎想象的脑力，何况要从中挑选出那些具有艺术价值的语句，此时就又需要灵感了。

因此，“俳句的数量在 111^{17} 句以内”的作答几乎不能被称为答案。这就好比有人向我们打听“这里距离邻村有多远”的时候，我们回答“1 万千米以内”一样。

笛卡儿的坐标也与之类似。一个几何学上的命题被坐标翻译成代数算式，而一个代数算式则能被几何学上的命题证实，这是常有的事。但是，评价无数个命题的重要性的问题就该另当别论了。

从无数个没有错误但也没有价值的命题中，选出真正重要的命题，这并不是在履行“计算”这一机械且盲目的程序。从这层意义上讲，笛卡儿的坐标确实是研究几何学的一种手段，但并不是能教会我们沿着最短路线前进的方法论，于是在这里就出现了构建新方法论的可能性。与笛卡儿活跃在同一时期的法国数学家德萨格（1593—1662）就创立了新的方法论。如果一门学问的真正目的不是把一切知识都进行百科词典式的罗列，而是从杂乱的知识集合中挑选出真正重要的内容，那么德萨格的功绩无疑是不应被世人遗忘的。

德萨格是一名建筑师，出于职业上的需要，他在投影法的使用方面取得了很大的突破。与学术型的数学家不同，德萨格作为一名实践型的工程师，其研究动机完全出于实用性，而这种方式也推动了新几何学的发展。另外，他还是一位热心致力于工人教育的工程师。在他的论文中出现了“树木”“树枝”“小树枝”“竹节”等罕见的术语，这些词语反映出的形象，不是一个选择在接受过正规学术指导的学者面前发表演讲的数学家，而是为那些汇集于夜校、求知若渴的工人们讲课的热心的工程师。

射影几何学就是这样被着眼于实际应用的工程师创立的，它并非出自学术型的数学家之手。另外，这位工程师生活在文艺复兴后期，当时正是资产阶级获得权力，走上历史主舞台的时代。

法国数学家彭赛列（1788—1867）继承了德萨格的“遗产”，将他的思想完美体系化，并使其成为了一门独立的学问。这里的彭赛列，也不是学术型的学者。

几乎与所有法国数学家一样，彭赛列也是一名毕业于巴黎综合工科学校的炮兵。他在 1812 年俄法战争中被俘，在伏尔加河畔的萨拉托夫度过了长达数年的监狱生活。在既没有书也没有可供书写的纸张的牢狱中，他仅能用一点木炭的碎片把图形和算式写在墙壁上。而也正是在萨拉托夫的监狱里，他获得了射影几何学的构想。他在书中这样写道：“本书汇总了自 1813 年春天以来，我在俄国的监狱中取得的所有研究成果。书自不必说，他们甚至剥夺了我所有的精神安慰。祖国和自身的不幸也令我意气消沉，因而我最终未能完成研究工作……”不过，对于射影几何学而言，那荒凉的监狱或许是一个舒适的摇篮，这是因为射影几何学是一门除了需要动用敏锐的直观力以外，无须使用计算和算式的特殊几何学。

平面 A 上画有某个图形。假设这个平面图形画在胶片上，我们试着从一点 O 对该图形进行投影，将其放映到作为银幕的平面 B 上（图 4-1）。

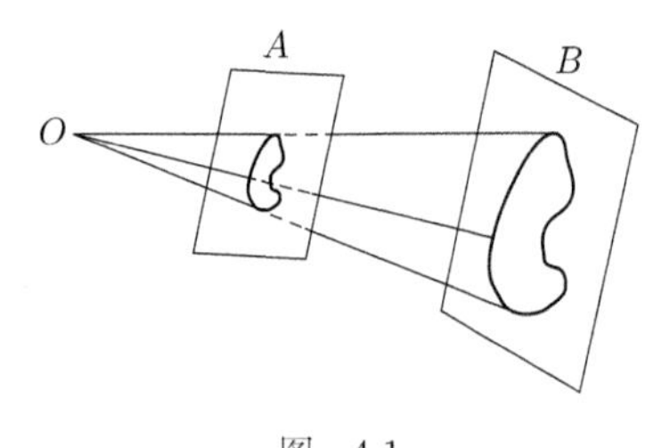

图　4-1

此时，图形确实发生了变化。如果 A、B 两个平面是平行的，那么该图形在所有方向上都只能进行相同比例的伸缩，影像与原像为相似形。然而，如果胶片与银幕不平行，那么影像就不再与原像相似，而是会发生扭曲。要想理解这一点，我们可以回想坐在电影院的角落里看电影时的感觉。那时银幕里人物的脸看起来就像是被奇怪地拉长了。

但是，这种投影会使图形的所有性质都变得面目全非吗？当然不会。例如，连续的铁轨的胶片，绝对不会投射出中途断开的铁轨影像。这是因为由投影构建出的映射，一定是我们在第 3 章中提到过的拓扑映射。那么，是不是所有图形都会像一般的拓扑映射那样，全都发生类似于“软体动物式的运动”呢？比如，画在胶片上的一条直线会在银幕上映射出一条波浪线吗？这显然是不可能的。投影直线 PQ 的光线汇集成包含 OPQ 在内的平面，PQ 的影像为该平面与平面 B 相交的部分 $P'Q'$（图 4-2）。$P'Q'$ 在这里确实是一条直线，这是因为平面与平面的交线为直线。

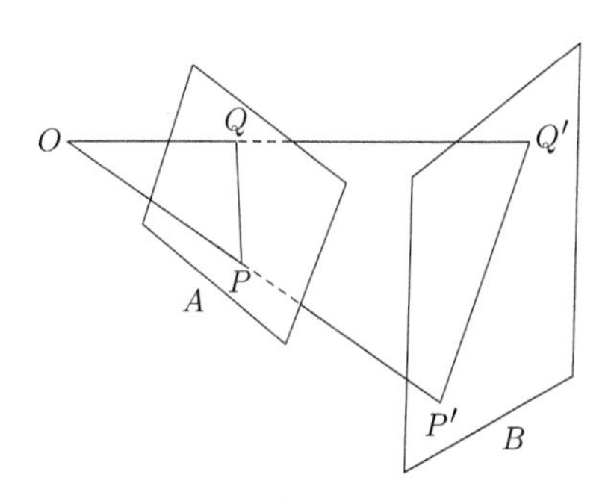

图 4-2

换言之，直线作为“直线”的这一性质不会因为投影而发生改变。若用克莱因流派的话说，这种性质就是不变性。但是，线段的长度和角度会因投影而变得面目全非，这是不言而喻的。

那么，下面的事实就变得明朗了。

一个平面上的直线在经过投影后，会全部转变成其他平面上的直线。

不过，让我们再慎重地考虑一下究竟是不是“全部”吧。事实上，在这种情况下说“全部”的确言过其实，我们应该改用“除去一种特殊情况以外的全部”的说法，而这个例外就是下面这样的直线。

通过光源 O 引入与平面 B 平行的平面 B'，平面 B' 与平面 A 的交线为直线 L。即使从 O 向这条直线投射光，它也只能在平面 B' 上，而不会与 B 产生交点，这是因为 B 与 B' 是平行绘制的。就像彼得・施莱米尔把影子卖给了恶魔一样，直线 L 也没有影子。但是正如在平面 A 上只存在彼得・施莱米尔，在平面 B 上也只存在有影子却没有实体的“幽灵”，这其实就是通过光源 O 进行投影后，平行于 A 的平面 A' 和 B 的交线。

当我们打算主张“平面 A 上的直线经投影后变成了平面 B 上的直线”时，这一主张很有可能总是会遇到阻碍，而阻碍正来自于平面 A 上的彼得・施莱米尔和平面 B 上的“幽灵”。因此，我们不得不时刻附上“但有一种特殊情况除外”的声明。面对完备命题演奏的音乐中的杂音，难道我们就无计可施吗？

当然，俗话说“一切规律总不免会有例外”，因此这并不是什么逻辑上的致命性缺陷。但每当面对这种情况时，数学家总会采取某种特殊的态度，那就是对既定之物——这里指平面——进行一些修改，继而消除例外。

就我们当前面临的情况而言，如果在平面 B 上为平面 A 中的彼得·施莱米尔添加一条新的直线的影子，在平面 A 上为平面 B 中的“幽灵”新增一条直线的“肉体”，那么就万事大吉了。我们把这种新添加的直线叫作无穷远直线，把添加了无穷远直线后的普通平面叫作射影平面。我们在这个射影平面上已经听不到讨厌的杂音了，而且在主张“射影平面上的所有直线，在经过投影后全都变成了射影平面上的直线”这个命题时，我们也可以不用再附加任何声明。

但是，无穷远直线是如何与平面衔接的呢？在没有缝隙且没有边界的平面上，我们在哪里可以添加新的直线呢？人类的直观到此已经走投无路了，下面就让我们转变方向，借助算式和计算的手段继续前行吧。

笛卡儿的坐标通常用由两个实数构成的一组数，来表示平面上的一个点。我们在此可以稍微修改一下这种方法，将两个实数换成由三个实数 x, y, z 构成的一组数。此时，这三个数中的某两个数可以同时为 0，但三个数不能同时为 0。仅把 x, y, z 视为坐标就可以得到一个三维空间，但我们在这里要把这三个数的比，规定成一个点。例如

$$2:3:1=4:6:2$$

由此可知，$(2,3,1)$ 和 $(4,6,2)$ 表示同一个点。若令该连比中的 z 不为 0，则

$$x:y:z=\frac{x}{z}:\frac{y}{z}:1$$

所以$\left(\frac{x}{z},\frac{y}{z}\right)$表示普通平面上的点。另外，当 z 为 0 时，连比的集合则为无穷远直线。这种由三个数的连比构成的坐标叫作齐次坐标，它是为表示射影平面而量身定做的。

在欧几里得的平面中存在一种例外，即两条直线互不相交，也就是两条直线互相平行的情况。而在添加了无穷远直线的射影平面中，则不会出现这样的例外，即两条平行的直线在无穷远直线上是相交的。例如在欧几里得的平面中，我们可以用下面的方程组表示两条直线平行而不相交的情况。

$$\begin{cases}x-y-2=0\\x-y-1=0\end{cases}$$

也就是说，这个方程组是没有解的。这是因为当这两个等式进行减法运算时，在同时消掉 x 和 y 后会产生 $1=0$ 这样不合理的结果。但是，如果用 $\frac{x}{z}$ 与 $\frac{y}{z}$ 分别代替 x 与 y，那么去掉分母后就可以得到下面的同次多项式。

$$\begin{cases}x-y-2z=0\\x-y-z=0\end{cases}$$

这组等式的确具有 $(1,1,0)$ 这个交点。当然，由于该点的 z 为 0，所以它位于无穷远直线上。因此，我们得出这样的结论，这个方程组并非无解，而是具有无穷远点的解。

总之，作为射影几何学的舞台，欧几里得的平面过于狭窄，所以我们为其打造了无穷远直线这个新的舞台。数学家是非常喜欢用这种方法的。

对于这类出自想象的、类似于无穷远直线的东西，德国数学家希尔伯特（1862—1943）将其命名为理想元素。在数学取得飞跃式发展的背景下，很多时候必然会出现这样的理想元素。对于志在研究现代数学的人来说，这种理想元素可能是随处可见的。

不过，如果把理想元素与现实元素机械地分开，将二者的差别绝对化，那就大错特错了。很多实例已经证明，那些在数学发展的某个低级阶段出现的理想元素，不过是更高级立场下的现实元素而已。举个极端的例子，对于据说仅知道到 3 为止的数的霍屯督人来说，4 可能就是一个理想元素。再如，对于仅把整数和分数当作数的古希腊毕达哥拉斯学派的人们而言，$\sqrt{2}$ 等无理数必然为理想元素，但是对于当今学习过微积分的人们来说，$\sqrt{2}$ 也只不过是一个现实元素罢了。

让我们再稍微探究一下添加了无限远直线的射影平面的结构吧。正如前文所述，射影平面是由 3 个齐次坐标的连比规定的，所以若将其映射至三维空间，则通过原点的一条直线可以规定这样的一个连比。因此，通过三维空间原点的每条直线都逐一规定了射影平面上的每个点。为了把直线看成一个点，若令其与一个以原点为中心的球相交，则可以得到成对的两个交点，而正是这两个点构成了球体的对跖点，这是不言而喻的。因此，球面上构成对跖点的两个点，在射影平面上表示为一个点。在稍后的介绍中我们会发现，这样的曲面具有极为奇妙的特性。

到此为止，关于射影几何学的表演舞台——射影平面的解释暂且告一段落，下面让我们把视线转移到登场人物，以及在幕后指挥各个登场人物的舞台导演吧。圆、直线及其他更加复杂的图形相当于登场人物。这些图形并不是静止的，它们都按照规定的剧本运动变化着。

变换群则相当于指挥各个图形运动的舞台导演，在这里特指射影变换群。变换群属于我们在第 2 章中阐述过的群的一种，是带有变换这一“作用”的集合。射影变换群具有下面的特殊性质。

我们在前文提到过的投影法，是将图形从平面 A 投影到平面 B，如果令这两个平面重合，就能得到一个射影平面内的射影变换。从 A 放映到 B，然后再把 B 视为胶片，将其放映到第三个平面，此时也可以得到一个射影变换。也就是说，不仅限于一个投影，两个以上投影的重叠也是射影变换。

让我们暂且脱离投影的观点，来思考一下射影变换吧。具体内容如下。

平面 A 是添加了无穷远直线的射影平面。我们将这种平面上的一点变成一点、直线变成直线的连续映射叫作射影变换。

对照群的基本规则，所有同等类型的射影变换的集合可以组成一个群，这是显而易见的。但是，由于我们很难在脑海中浮现出这样的“作用”，所以下面就让我们用一个更加具体的实例，即曾在前文中使用过的齐次坐标来呈现这种“作用”吧。从一个点变成另外一个点，即从 (x, y, z) 变成 (x', y', z')，我们可以用以下形式的等式进行连接。

$$\begin{cases} x = f(x', y', z') \\ y = g(x', y', z') \\ z = h(x', y', z') \end{cases} \qquad \begin{cases} x' = f'(x, y, z) \\ y' = g'(x, y, z) \\ z' = h'(x, y, z) \end{cases}$$

直线可以用一次方程式

$$\alpha x + \beta y + \gamma z = 0$$

表示。若想将 f', g', h' 代入以上等式中的 x, y, z，并使整理后的结果仍为直线，也就是使其仍为一次方程式，则 f, g, h 必须均为一次方程式。

$$\begin{cases} x = {a_{11}}'x' + {a_{12}}'y' + {a_{13}}'z' \\ y = {a_{21}}'x' + {a_{22}}'y' + {a_{23}}'z' \\ z = {a_{31}}'x' + {a_{32}}'y' + {a_{33}}'z' \end{cases} \qquad \begin{cases} x' = a_{11}x + a_{12}y + a_{13}z \\ y' = a_{21}x + a_{22}y + a_{23}z \\ z' = a_{31}x + a_{32}y + a_{33}z \end{cases}$$

规定这样一个射影变换需要 $a_{11}, a_{21}, \cdots, a_{33}$ 等 9 个常数。不过，由于相等的连比规定了相同的变换，所以实际上在这种情况下，8 个常数就能规定一个射影变换了。因此，若想展示整个射影变换需要创建一个八维空间。

我们令这个射影变换的集合，也就是射影变换群为 G。G 本身不会出现在射影平面上的任何角落，它就像手持剧本的舞台导演那样，在幕后指挥着舞台上的表演。

射影几何学就是利用射影变换群研究图形的不变性质的学问。

在此就让我举几个实例，来为大家解释这句话的意思吧。

一条线段的长度会随着特殊的射影变换的投影而发生变化，因此线段的长度不属于射影几何学的范畴。另外，由两条直线构成的角同样也会因为射影变换而发生改变，所以它也不是射影几何学的研究课题。

著名的毕达哥拉斯定理（勾股定理）的表述如下。

直角三角形斜边的平方等于两直角边的平方之和。

在这个定理中出现的直角及边的平方都会因为射影变换而发生改变，因此基于这种观点，毕达哥拉斯定理也不属于射影几何学的范畴。

那么，接下来就让我们用下面的定理作为例子吧。

若两个三角形的对应顶点连线共点，则其对应边之交点必共线（图 4-3）。

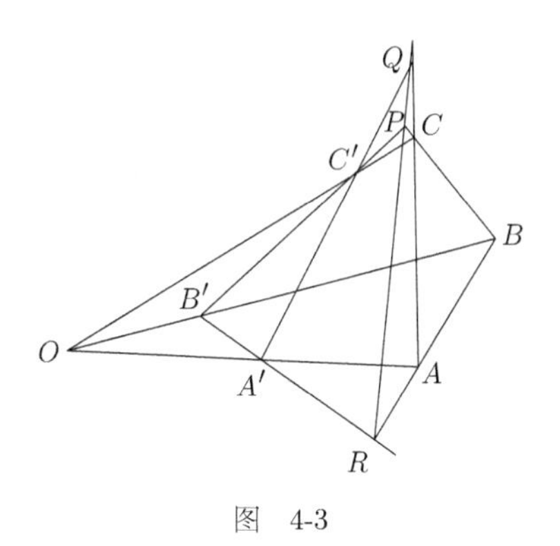

图 4-3

该定理叫作德萨格定理。在这个定理的前提及结论中仅出现了“共点”和“共线”这样简单的词语，我们完全看不到角度和长度的身影。因此，该定理描述出的图形即使经过投影放映到银幕上，也同样可以解读该定理的含意。这样的定理不会因为射影变换而发生变化，所以可以被归入射影几何学的范畴。

因此，与其说这种图形表示一个图形，不如说它是射影变换下所有图形的一个代表。

在由欧几里得整理成体系的希腊几何学中，几乎看不到运动和变化。只有当需要确认两个位于不同位置的图形是否完全相同的时候才会移动其中一个图形，使其与另外一个图形重叠，这是为了确认二者是否完全相同而不得已为之的“运动”。对于几乎不使用机器，而使用奴隶的古希腊人来说，运动和变化反倒是一种不怎么好的东西。

我们不得不说，以静止和不变为基调的欧几里得几何学，与把运动和变化视为内在统一原理的近代几何学形成了鲜明的对比。就连在自己的学园门口写上“不懂几何者禁入”的柏拉图，恐怕也会排斥近代几何学吧。之所以这样说，是因为与追求“永恒不变的理念”的柏拉图相比，把静止的图形投入变化和流转之中的近代几何学方法，更接近于主张“万物流转”的赫拉克利特的观点。

把这种射影几何学的特征进一步普遍化，克莱因在《埃尔朗根纲领》中确立了如下原理。

有一个变换群 G。研究在 G 所有变换下的不变性质，这就是从属于 G 的几何学。

因此，只要存在一个变换群，就相应地存在一门几何学。不过，由于变换群的数量不胜枚举，所以几何学的种类也同样不计其数，而克莱因就是这样发明了所有几何学的量产方式的。根据克莱因的说法，从属于射影变换群的几何学为射影几何学，于是研究重点就从图形的表面关系向背后群的形式转移了。所有画在表面的图形都是那些原本在运动和变化着的一系列图形的一个截面，可以说它只不过是胶片上的一个镜头而已。

从克莱因的角度来看，如果有两个不同的变换群 G 与 G'，那么应该存在分别从属于它们的两种几何学。如果群 G' 是群 G 的一部分，即 G' 为 G 的子群，那么几何学的情况会是如何呢？此时 G' 的变化范围要比 G 狭小，所以在随着 G 的变换而发生变化的性质中，可能存在着对于 G' 来说不变的性质。因此，G' 的不变性质应该会比 G 的多，从属于 G' 的几何学相应地也应该更加具体。

要想理解这一点，我们只要想起逻辑学中内涵和外延的关系就可以了。

在这里让我们再次回想一下“拓扑学是连续性的几何学”这句话吧。除了图形的连续变化以外，射影变换还要加上“直线保持不变”的条件。仅从以连续性为条件的拓扑映射的角度来看，可以说这个条件是非常严苛的。既然在使用图形语言的基础上不允许破坏连续性，那么或许可以说，拓扑映射相当于所有几何学的最大公约数。如果把射影变换看作映射到平坦的平面镜上，那么就可以把拓扑映射看作映射到某种存在凹凸面的镜面上。用克莱因流派的话说，拓扑学应该是从属于一对一的连续映射的群的几何学。

接下来，让我们通过缩小对于现在的我们而言范围过大的群——射影变换群，以得到更加具体的几何学吧。

在射影几何学中，所有的点和直线都是互相平等的。以适当的射影变换为媒介，任意的点能变成其他任意的点，任意的直线也能变成其他任意的直线。如果把“可以随心所欲地变化”视为“民主主义”的条件，那么射影几何学的世界就完全是由民主主义支配的。

在此声明，几何学家并不是反民主主义者，在这里先让我们转向因研究需要而限制“民主主义”的方向吧。例如，我们只关注无数条直线中的一条直线，并试着对其进行特殊处理。令该直线为 A，A 以外的其他直线之间可互相转移、变化，而 A 既不能移动，也不能转化成除 A 以外的其他直线。也就是说，我们在此为直线自由转变成直线加上了限制。为此，从全部射影变换的集合 G 中去掉可以把 A 变成其他直线的部分，仅保留能把 A 变成 A 的部分，并令其为 G'，则 G' 确实为 G 的子群。规定 G' 时使用的直线 A 可以为任意直线，在此为了方便起见，就让我们特意选取无穷远直线吧。也就是说，G' 为不改变无穷远直线的射影变换群。

这样的 G' 叫作仿射变换群。在它的自由受到了限制的前提下，我们能为其添加什么新性质呢？

最为明显的性质就是平行性。在射影几何学中讨论两条直线是否平行是毫无意义的，这是因为两条不平行的直线可以通过适当的射影变换映射成平行的直线，而原本平行的直线也可以变成不平行。但是，仿射变换的情况就与之不同了。两条直线 A，B 平行是指二者的交点 P 位于无穷远直线上。然而，因为仿射变换不会改变无穷远直线，所以 P 就变成了无穷远直线上的点 P'。由于 P' 是 A、B 的映射 A' 与 B' 的交点，所以 A' 与 B' 相交于无穷远点 P'，因此 A' 与 B' 也必然平行（图 4-4）。

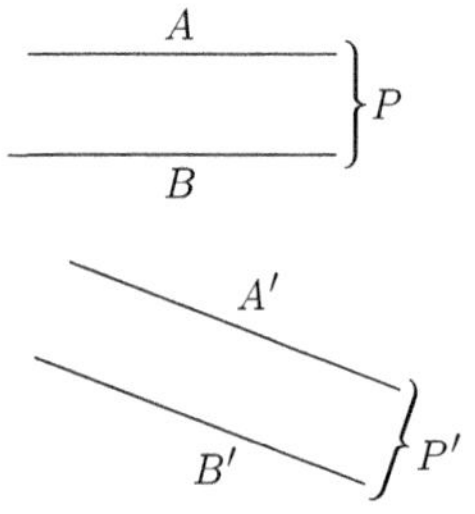

A
P
B
A'
B'
P'

图 4-4

这样一来，从仿射几何学的角度来看，平行四边形也是有意义的。

但是，在仿射几何学中讨论两条直线构成的角依旧没有意义。平行四边形经过仿射变换会变成平行四边形，但由于其顶角一般会发生变化，所以即便是长方形也会被压成平行四边形（图 4-5）。

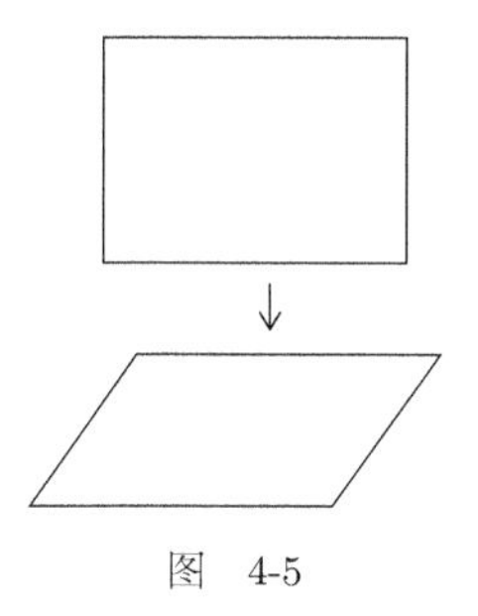

图 4-5

继续缩小这种仿射变换群的范围就会产生欧几里得几何学。也就是说，仅选取无穷远直线上的 2 个点，构建不改变这 2 个点的子群 G''，由此可知两条线段的比和角度是不变的。不过，对此进行证明需要一些技巧，请允许我在此将证明过程省略。这是欧几里得几何学中规定全等和相似的变换。具体来讲，在射影几何学中没有意义的毕达哥拉斯定理，也会在此具有明确的意义。

随着变换从 G 到 G' 再到 G''，平行、长度、角度等几何学性质逐渐具有了意义。回溯这一过程我们会发现，筛选几何学各个性质的角色是由幕后的变换群扮演的。可以说，“筛选”一词在此揭露了真相。这是因为，正如在筛选谷物时要先让谷物运动起来，然后再从中分离出异物一样，变换群也同样可以让图形动起来，然后从中筛选出相关的性质。离心机或许是更形象的例子吧。

从射影几何学到仿射几何学再到欧几里得几何学，除了这种逐步走向具体化的路线以外，还有另外一条从射影几何学到非欧几里得几何学的道路。

对无穷远直线进行特殊处理后就产生了仿射几何学。下面我们把特殊处理的对象换成其他图形——某个圆锥曲线。如果用平面截切直圆锥，那么会在不同的截面位置得到各种不同形式的曲线（图 4-6）。我们将这些曲线统称为二次曲线，或者称其为圆锥曲线。

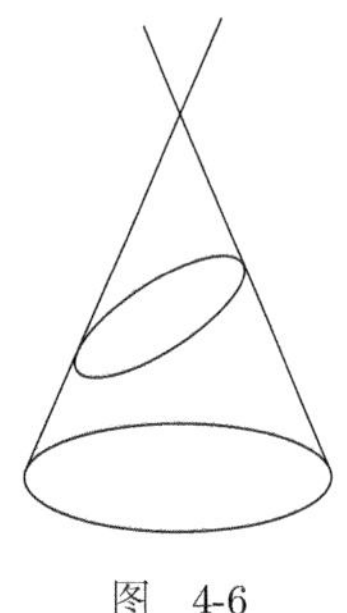

图 4-6

这种曲线包括圆、椭圆、抛物线、双曲线等。另外，如果截切平面通过圆锥的顶点，则截面为两条直线。若用方程式来表示这些曲线，则可得到以下关于 x, y, z 的二次方程。

$$a_{11}x^2 + 2a_{12}xy + 2a_{13}xz + a_{22}y^2 + 2a_{23}yz + a_{33}z^2 = 0$$

如果对这样的曲线进行射影变换，则

$$\begin{cases} x = {a_{11}}'x' + {a_{12}}'y' + {a_{13}}'z' \\ y = {a_{21}}'x' + {a_{22}}'y' + {a_{23}}'z' \\ z = {a_{31}}'x' + {a_{32}}'y' + {a_{33}}'z' \end{cases}$$

当将以上多项式代入前面的二次方程式时，我们又可以得到一个关于 x', y', z' 的二次方程式，即结果仍为二次曲线。也就是说，圆锥曲线在经过射影变换后变成了其他圆锥曲线。

在这里，让我们再次掀起限制“民主主义”的“革命”吧。此时我们仍然选取这种特殊的圆锥曲线，令其无法转移变化成其他二次曲线，比如假设这个圆锥曲线为某一个圆。我们把从这个圆的内部到内部的射影变换命名为 G'，并预先从 G' 中去掉能使这个圆变成其他椭圆或双曲线的射影变换。这样经过了绝对化的圆叫作绝对二次曲线。

我们以这个绝对二次曲线的圆为根基，构建新的几何学。平面可以被这个圆分成内、外两部分，在此我们仅把圆的内部看作一个世界，而把包括作为边界的圆周在内的外部视为世界之外。

那么，我们就不得不定义这个新的几何学的“点”，令其为一般的圆内的点了。“直线”也为一般的直线，不过要去掉世界之外的部分，仅选取圆内的部分。从常识来看，与其说这是直线，不如说是一条线段吧（图 4-7）。

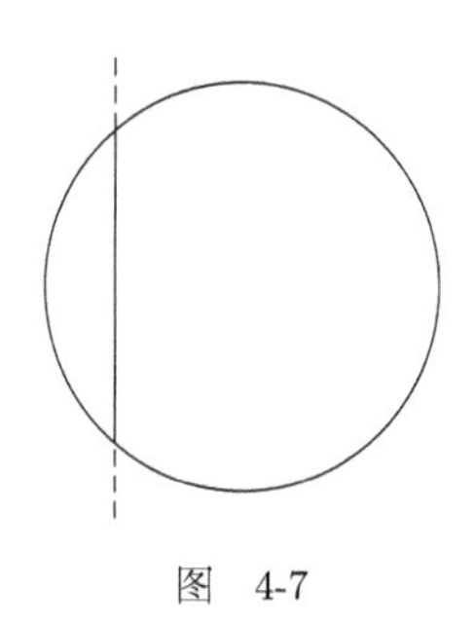

图　4-7

在确定了“平面”“点”“直线”这些构筑几何学大厦的砖瓦之后，下面我们就用它们来制定与欧几里得几何学相仿的规则。首先是“全等”的规定。如果某个图形 A 以 G' 中的变换为媒介能与 A' 重合，那么就称这两个图形全等。接下来，我们还必须规定两个点之间的距离。在定义距离时，让我们先来回顾一下欧几里得几何学中关于距离的观点吧。

欧几里得几何学在一开始就规定了距离，这种距离是人们直接用绳子、尺子、螺旋测微器测量出来的，都是先行存在的。这是“一开始就有的距离”，运动就是作为不改变这种距离的变换而产生的。

但是，我们面临的情况却正好与之相反。距离和角度都是不存在的，唯一可利用的线索就是群 G'。这是“一开始就有的群”。

那么，根据变换群 G' 如何规定距离呢？这是我们首先要解决的问题，为此我们不得不再次求助于人字形线路的推理方法。

首先，虽然 P, Q 两点之间的距离 (P, Q) 尚未确定，但在 G' 的变换下，这一长度必须保持不变。其次，一条“直线”上的三个点 P、Q、R 必须满足

$$(P, Q) + (Q, R) = (P, R)$$

对于这样的射影变换，我们早就熟知其中不变的量包括复比。当一条直线上有 4 个点 P、Q、S、T 时，由这四个点可得

$$\frac{PT}{PS} : \frac{QT}{QS} = \frac{PT \cdot QS}{PS \cdot QT}$$

对其施加射影变换后，由 P'、Q'、S'、T' 构成的新的复比与原来的复比相等。

$$\frac{P'T' \cdot Q'S'}{P'S' \cdot Q'T'} = \frac{PT \cdot QS}{PS \cdot QT}$$

也就是说，复比在射影变换中保持不变。早在古希腊亚历山大晚期，当时的几何学家帕普斯（公元 3 世纪）就已经知道了这个事实。我们是否可以根据不变的复比来规定“距离”呢？令通过 P、Q 两点的直线与圆的世界边缘处相交于点 S、T。这四个点在 G' 中射影变换的作用下依然变成一条直线上的四个点 P'、Q'、

S'、T'（图 4-8）。此时，下面的等式必然成立，这是不言而喻的。

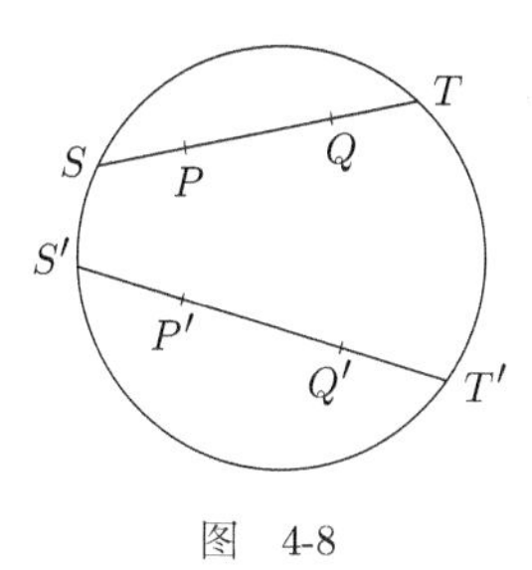

图 4-8

$$\frac{PT \cdot QS}{PS \cdot QT} = \frac{P'T' \cdot Q'S'}{P'S' \cdot Q'T'}$$

因此，若令

$$f(P,Q) = \frac{PT \cdot QS}{PS \cdot QT}$$

则这显然是对于射影变换的不变性。下面让我们来研究一下其他性质吧。由简单的分数计算可知

$$f(P,Q)f(Q,R) = f(P,R)$$

这个性质与距离的条件相比，仅在“和变成积”这一点上存在差异。于是，我们可以把乘法转换成加法，再利用大家都熟知的对数，就能获得我们期望得到的距离。若令

$$(P,Q) = \log \frac{PT \cdot QS}{PS \cdot QT}$$

则可知它具有作为“距离”的资格

$$\begin{aligned}(P,Q) + (Q,R) &= \log f(P,Q) + \log f(Q,R)\\ &= \log f(P,Q) \cdot f(Q,R) = \log f(P,R) = (P,R)\end{aligned}$$

综上所述，我们从群 G' 出发，成功规定了“距离”。

在测量这一“距离”时，“直线”的全长会是多少呢？如果

令图 4-8 中的 $P = S, Q = T$，那么复比的分母将接近于 0，因此复比也会趋近于无穷大，继而导致“距离”(S, T) 也趋近于无穷大。从欧几里得几何学的角度来看，“直线”$\overline{ST}$ 是一条有限的线段，而新的“距离”观点则将其长度视为无穷大。因此，从新的“距离”的意义上来说，即使某个点在“直线”上匀速地向 S 靠近，它在有限的时间内也无法到达 S。同时，对于观察在“直线”上匀速运动的点的人而言，该点在逐渐接近圆的边界时，看上去会降低运动的速度，它似乎永远也不会到达圆的边界。从这个层面上讲，圆周并不是人为设置的围栏，而是圆内世界的自然边界。

接下来就该确定“角”的定义了。既然已经确定了距离的定义，那么对“角”的规定自然也是水到渠成，所以我们在此就不再赘述了。

下一个要解决的问题就是平行公设。此处的平行公设显然与欧几里得几何学中的大不相同，想必大家参照图 4-9 也能明白这一点。

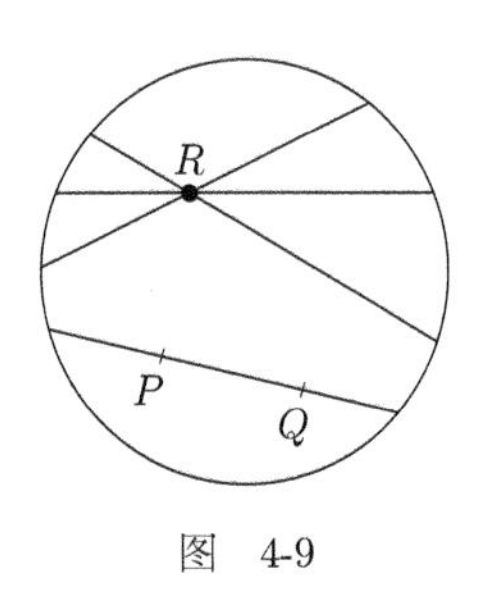

图 4-9

通过“直线”$\overline{PQ}$ 外的一“点”R，与 $\overline{PQ}$ 平行，也就是与之不相交的“直线”的确有无数条。

平行公设以外的公理，则都与欧几里得几何学中的公理相同，只要逐一进行尝试便知，所以我们在此也将其省略。另外需要注意的是，在这种几何学中，三角形的内角和是小于两个直角之和的。

根据这个模型，罗巴切夫斯基和鲍耶在欧几里得几何学的框架中成功实现了非欧几里得几何学。或许这与用 53 张相同的扑克牌也能玩桥牌和五张牌游戏的情况非常相似，我们只需改变游戏规则即可。

但是即便如此，一些读者可能仍然会有一些不满遗留在心中。“虽然这种推理非常精彩，但到头来也只不过是巧妙的思维游戏罢了。”——这种不满肯定早在读者遇到“距离空间”和“拓扑空间”的时候就出现过了。

在此，让我们试着好好地重新思考一下这个问题吧。我们十分确信的点、直线、平面等概念到底是否毫无破绽呢？与该模型中的“直线”相比，欧几里得几何学中的直线是无条件实际存在的吗？其实仔细想想，我们确实也找不出支撑这些常识的逻辑性依据。

因此，虽然非欧几里得几何学在最初仅被视为一种极其奇怪的“反调”，但是我们都知道，它主张自身具有与欧几里得几何学完全同等的权利，并最终获得了生存的机会。那么，到底哪种几何学适用于我们所在的空间呢？要想解决这个问题，只能依托于实验来验证。早在 1818 年，高斯就曾试图通过天文学的观测结果确认三角形的内角和是否为 180 度，但真正打开局面却要等到爱因斯坦（1879—1955）的广义相对论出现（1916）以后。据说爱因斯坦所使用的并不是欧几里得几何学，反倒是由非欧几里得几何学发展而来的黎曼几何学。

根据爱因斯坦的观点，我们所在的宇宙并不像欧几里得的空间那样平坦，它是扭曲的，而且引起这种扭曲的东西就是在其附近存在的物质。牛顿的物理学认为，空间是永恒不变的欧几里得空间，无论物体在该空间内做多么剧烈的运动，空间自身都不会发生丝毫变化。这就好比是棋子在棋盘上做剧烈运动，而棋盘自身不会发生任何变化一样。此时的棋子就相当于运动的物体，而棋盘则相当于进行运动的空间。如果棋盘是由橡胶之类的柔软材质做成的，并且棋盘上的格子会随着棋子的运动而发生变化，那么这样的“将棋”（若存在这样的将棋，则无疑应该将其命名为“相对性将棋”吧）到底是怎么回事呢？这绝对是一个十分复杂的问题。我们的现实空间将会是包含时间在内的、随物质发生变化的、某种柔软的东西。

现代科学连续不断地打破了许多诸如牛顿的绝对空间、绝对时间等概念，而这些概念曾在以往的科学中，被认为是永恒不变、神圣不可侵犯的。正是非欧几里得几何学，打开了如此颠覆我们世界观的相对论的发展之路。

全新的“罗巴切夫斯基和鲍耶的几何学”是通过否定欧几里得的平行公设而产生的，不过否定该公设的方法不止一种。也就是说，我们也可以用“平行线一条也没有”来否定的这个公设。问题在于，这样否定变换后的公理，能否与其他公理共存。不过，黎曼（1826—1866）证明了的确存在具有这种公理的几何学。[5]

我个人认为，如果无视黎曼的几何学，那是非常不公平的，所以下面就让我们来了解一下黎曼的几何学吧。我们当然也可以将黎曼的几何学归入克莱因的流派，不过我在此将采用其他方法进行讲解。首先假设有一个球面，并将其视为我们存在的世界。要构想出这样的一个世界，地球无疑是最好的模型。我们还是和以往一样把球面上的点视为“点”，而这里的问题却在于“直线”，这是因为球面上并不存在一般意义上的直线。不过，让我们再次利用人字形线路的推理方法吧。大家可以回想一下，在欧几里得几何学中，直线具有作为两点之间最短距离的特性。如果我们将这一命题的条件与结论互换，规定“两点之间距离最短的线叫作直线”，那么情况如何呢？

这样一来，我们就可以把“直线”放在球面上考虑了，即放在所谓的“大圆”上，也就是用一个通过地球表面任意两点与地心的假想平面截切地球时切口处呈现的线（图 4-10）。当我们进行长途航海或飞行时，选择沿大圆前进的路线是基本常识。

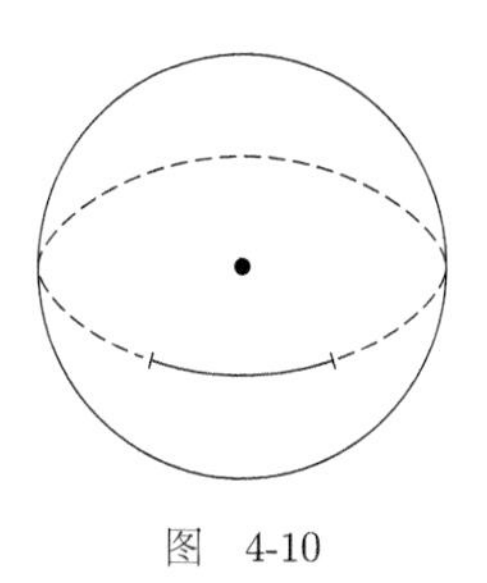

图 4-10

例如，要从日本横滨出发前往北美洲，我们当然应该选取沿大圆前进的航线。不过，我在地图上看航线时，会发现航线似乎偏向了看上去没有必要经过的阿留申群岛的方向，其实这只不过是把弯曲的地球表面，绘制成平面地图后出现的错位罢了。地球仪上的那些航路，应该是完全沿着最短线路绘制的。

如果令“长度”为大圆的弧长，“角”也为普通的角度，那么在这里就能凑齐构建一门几何学的工具。另外，我们很容易就知道两个大圆必然相交（图 4-11）。如果要将其翻译成带有引号的语言，那么就可以说，因为两条“直线”必然相交，所以在任何位置都不会存在平行的两条直线。

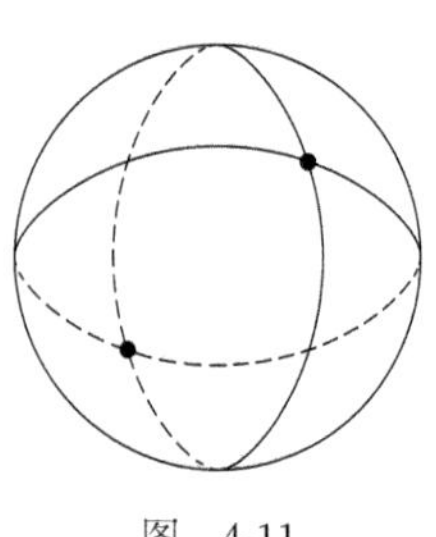

图 4-11

鉴于以上说明，我们大致可以推断出球面上的几何学。可能是符合最初条件的有力候选者。不过，接下来还是让我们对其进行更加严格的资格考核吧。

我们确实发现了两条“直线”相交，但同时也注意到其交点共有两个，它们分别位于被地心隔开的两端。这就意味着“两条直线交于两点”，而这种局面却极为糟糕，因为如此一来，我们来之不易的成果就会面临极大的困难。那么，我们或许只能放弃球面这个模型了吧？

然而，黎曼却用一种出乎意料的方法，一举解决了这个难题。不过话说回来，对于已经多次领略过数学家的惯用方法的读者而言，或许在听到这种方法后一点也不会感到意外。

黎曼把这样的两点，也就是对跖点，视为一个“点”而不是两点，于是两条直线相交于两点的矛盾就消除了。

当然从常识来看，把对跖点看作一个“点”是十分奇怪且毫无辩解余地的。不过，如果一定要制作出这样的“世界”模型，那么可以按照下面的方法来构建。

我们令北半球维持现状，而将南半球暂时设置为空白状态，然后再将北半球完全复制到南半球上来。例如，东京的对跖点位于南美的海洋中，我们在此构建一座与东京完全相同的城市，或者在珠穆朗玛峰的对跖点构建一座与其完全相同的山峰。那么，地球经过这样的变换后会发生什么状况呢？例如，从东京出发前往巴黎，我们完全没有必要去位于北半球的、原来的巴黎，只要前往应该位于现在新西兰南部的新巴黎即可，这样一来就显著地缩短了旅程。

如果用在对跖点放置完全相同的东西的方法构建新的东京，那么究竟会发生什么状况呢？在这种情况下，数学家往往喜欢拿出三角形来进行研究，因为三角形是最简单的图形，而且我们可以认为所有图形都是由三角形组成的。那么，从位于北半球的旧东京中选取三个点，例如品川（A）、上野（B）、新宿（C），它们在位于南半球的新东京会处于怎样的位置呢？若用 A'、B'、C' 分别表示新东京的品川、上野、新宿，则结果如图 4-12 所示。

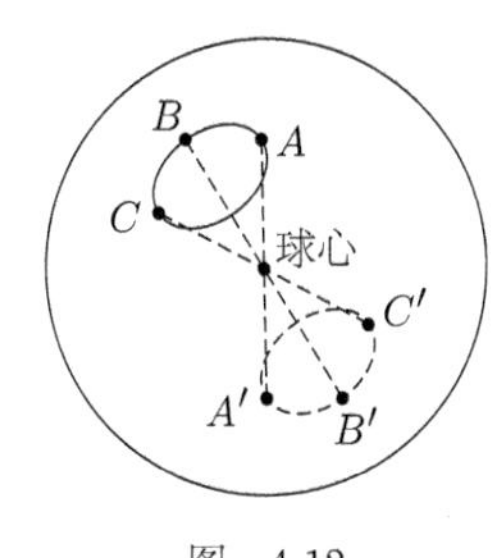

图 4-12

若从上方俯视 A、B、C 与 A'、B'、C'，则可得到图 4-13。如果大家拿出这两个三角形进行比较，就会发现二者的旋转方向正好相反。

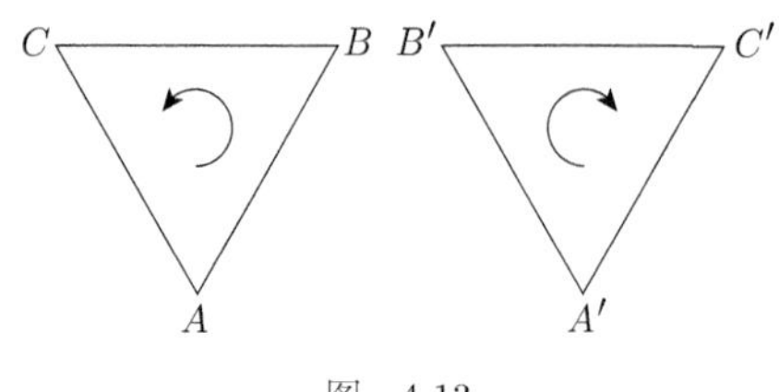

图 4-13

现在，如果住在旧东京的某个人想要去往位于南半球对跖点的新东京，那么将会发生什么事情呢？当他看到与旧东京完全一样的新东京时，首先可能会感到震惊不已。而当他看到自己的分身朝他走来的时候，肯定也会吓破胆。不过，当他靠近并与自己的分身握手时，他肯定会注意到在自己伸出右手的时候，自己的分身伸出的是左手。意识到自己的分身是左撇子之后，此时他环顾四周，肯定就会知道一切都是左右相反的了。

这样的面与我们在前文中介绍过的射影平面具有相同的结构，数学家称之为“表里如一”的曲面。从这一点上讲，它与莫比乌斯（1790—1868）发现的带子（莫比乌斯带）非常相似。

若把一张细长的纸条对边扭转一圈后再粘接起来，则能得到图 4-14 所示的带子，这就是莫比乌斯带。在这种带子上，一个小三角形在上面环行一周后会返回原点。此时，大家就会发现，这与生活在旧东京的人到访新东京后发生的情况一样，出现了左右颠倒的现象。

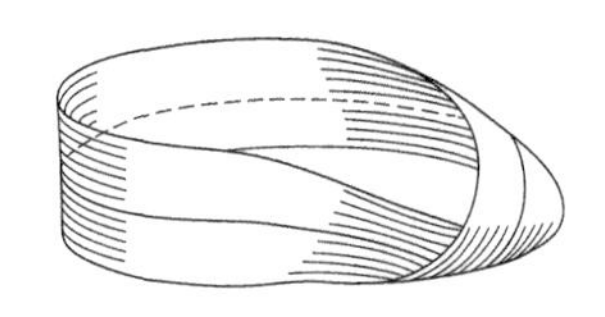

图 4-14

以上便是以最短线为根基的黎曼的几何学的模型。那么，同样以最短线为根基，我们能制作出“罗巴切夫斯基和鲍耶的几何学”的模型吗？意大利数学家贝尔特拉米（1835—1900）制作并完成了这种模型。他令一种名为曳物线的曲线旋转后制成曲面，此时若将曲面上的最短线视为“直线”，则可验证“罗巴切夫斯基和鲍耶的几何学”。该曲面的形状酷似两个无限长的喇叭对在一起（图 4-15）。

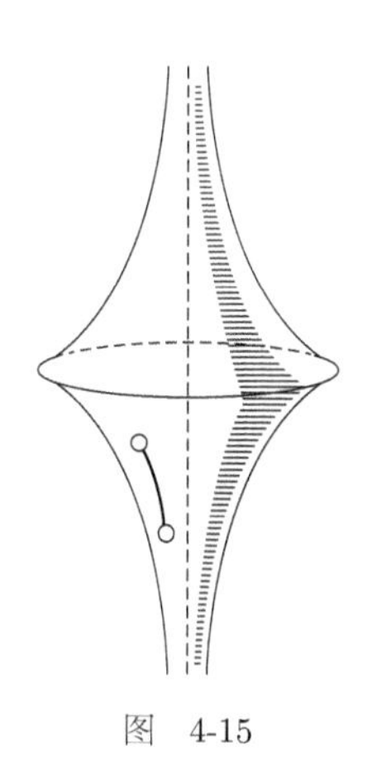

图 4-15

了解了上述几个实例之后，想必无论多么顽固的人都不得不承认，非欧几里得几何学确实与欧几里得几何学拥有完全同等的存在理由。

非欧几里得几何学的确是欧几里得几何学孕育出的怪胎，而且这个怪胎执着地不断逼迫亲生父母承认他是正当的嫡生子。为了让大家认可这个怪胎是正当的嫡生子，整个几何学都不得不饱尝由根本性变革带来的痛苦。直到德国数学家希尔伯特的《几何基础》（1899）问世，人们才对以非欧几里得几何学诞生为开端的几何学基础，有了系统的反思。

另外，希尔伯特在这部著作中提出了公理化方法，由这种方法带来的巨大的变革性影响不仅涵盖了几何学内部，还波及全体数学领域。

公理化方法经常被误解为没有排除直观因素，并且它确实割裂了逻辑和直观的联系。话说回来，如果这两大源泉一直保持分离状态，那么或许所有数学都将走向灭亡。不过，公理化方法中的分离是为了让二者在更高的维度重新结合。

这种对直观和逻辑的深思，竟然诞生于被认为是最直观的数学——几何学中，真是十分有趣。

下面让我们重新回到克莱因的研究舞台上来吧。《埃尔朗根纲领》用变换群及其不变量把几何学与以往相比层次更深的部分，尤其是群论结合了起来。挪威数学家李是克莱因的好友，而与几何学关系最为紧密的就是由他创立的李群。

此外，我们也不得不借助这种变换群和不变量的思想去处理另外一种情况，那就是图形和坐标的关系。以坐标为媒介能把图形转换成数和算式，这是解析几何学的不朽功绩，然而问题并未就此终结。

利用坐标研究图形的性质确实非常便捷，但由此也会产生一些棘手的新问题。本来从图形自身的角度来看，坐标只是便捷的外来者。如果不考虑研究中的困难，那么即使没有坐标也应该不会影响对图形性质的研究。

把图形转换成数学算式，通过计算可以得出某种结论。此时，在该结论中可能会混入不是图形固有的性质，也就是依存于坐标的特殊处理方法的结论。

例如在直角坐标系中，规定函数

$$y = f(x)$$

为一条曲线。如果想要求出该函数的极大值和极小值，那么就要找出导函数为 0 的点。这个点对于函数来说非常重要，但对于图形而言并不特殊，没有必要刻意寻找。这是因为，如果把坐标轴挪到别的位置，函数的极值也会移动到其他地方（图 4-16）。

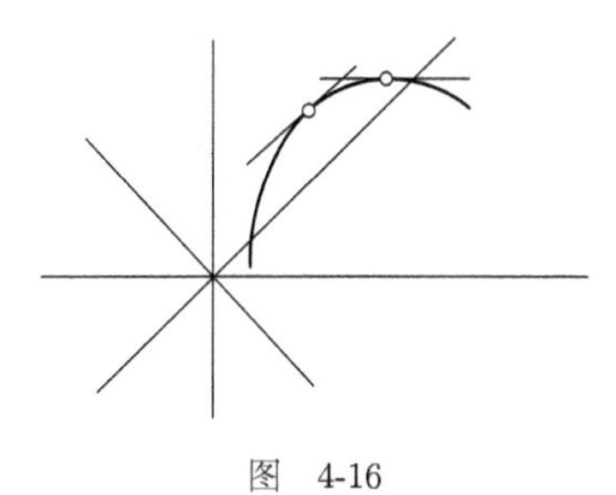

图 4-16

因此，坐标就是为了研究图形而搭建的脚手架，研究一旦结束就不得不拆除脚手架了。这样一来，我们就有必要从算式中筛选出，那些不依赖于坐标的选择方式就能表示图形固有性质的式子，以及会随坐标的选择方式发生变化却不表示图形固有性质的式子。

让我们在此重新回想一下变换群和不变量等由克莱因提出的概念吧。至今为止，克莱因的观点都是固定坐标、让图形变化，而我们现在则是固定图形、让坐标变化。当然，虽然这是两种不同的观点，但在数学领域中的处理方式是相同的。于是，如果把变换群视为坐标变换的群，那么图形的几何性质就相当于其中的不变量。广义相对论也面临过与之类似的问题。广义相对论的主要任务是研究引力的理论，而牛顿的引力理论是以其提出的绝对空间和绝对时间为根基的。当然，他也通过实验进行了寻找绝对空间的尝试，但所有尝试都是徒劳的，这导致我们被迫陷入了否定牛顿的绝对空间和绝对时间的困境之中。这样一来，我们之前使用的所有方程式不就都没有意义了吗？就绝对空间而言，出现在牛顿的引力方程式中的 x、y、z 等坐标确实是以静止的坐标轴为根基而设定的，而 t 则是绝对时间的标准。在牛顿力学中，像 x、y、z、t 这样的坐标与其他坐标相比是具有优先权的，但这种优先权如今也已不复存在了。如此一来，我们的出路大概就只剩下不可知论了吧。

但是仔细想想，对于绝对空间而言，即使没有静止的坐标，如果一个用某坐标表示的方程式，在所有坐标变换下都保持不变，那么这样的方程式就应该会从坐标中独立出来以表示某种物理真相。爱因斯坦就是从这一观点出发，找到了不会随着坐标变换而发生变化的方程式，并由此构建了引力的理论。

与其他科学一样，数学的发展道路也绝不是一马平川的，这是一条充满艰险且易入迷途的坡路。不可知论在科学面前无疑是败军之将，但它却会在旧的科学理论被打破，而新的道路还未出现时蠢蠢欲动。不过，这种危机往往也是诞生新理论的良机。相对论就是在这种危机出现的瞬间问世的，而非欧几里得几何学和不变式的思想则为相对论准备了理论依据。

尾注

[1] 对 e 和 π 的超越性的证明请参照洼田忠彦的《初等几何学作图问题》(内田老鹤圃)。

[2] 在这里，问题仍在于“有限小数具有两种表达方式”这一点。如果用有限小数来表示 x 和 y，那么 z 就可以用

$$z = 0.00909\cdots$$

这种形式的小数来表示。此时 x 和 y 可分别被表示为

$$\begin{cases} x = 0.099\cdots = 0.1 \\ y = 0.00\cdots \end{cases}$$

它们的对应关系并不是一一对应的。因此我们需要采取下面的方法，即在小数位中出现 0 时就跳过，直到非 0 的数出现，然后将其视为一节。例如

$$x = 0.\,|\,2\,|\,03\,|\,4\,|\,007\,|\,05\,|\cdots$$

经过如此分割后构造出 z，就能建立一一对应的关系。

[3] 仅使用计算方法进行证明的过程如下。

首先，若 $x_1, x_2, \cdots, x_n, y_1, y_2, \cdots, y_n$ 为实数，则总能证明

$(x_1y_1+x_2y_2+\cdots+x_ny_n)^2\leqslant(x_1{}^2+\cdots+x_n{}^2)(y_1{}^2+\cdots+y_n{}^2)$ 成立。只要在 $(x_1+ty_1)^2+(x_2+ty_2)^2+\cdots+(x_n+ty_n)^2=(x_1{}^2+\cdots+x_n{}^2)+2(x_1y_1+\cdots+x_ny_n)t+(y_1{}^2+\cdots+y_n{}^2)t^2$ 中，$x_1, x_2, \cdots, x_n, y_1, y_2, \cdots, y_n, t$ 均为实数，那么这个算式的结果就不会为负。如果一定要令其为 0，那么这个二次方程式的根将是虚根或是重根。因此判别式为

$$(x_1y_1+\cdots+x_ny_n)^2-(x_1{}^2+\cdots+x_n{}^2)(y_1{}^2+\cdots+y_n{}^2)\leqslant 0$$

通过移项可得

$$(x_1y_1+\cdots+x_ny_n)^2\leqslant(x_1{}^2+\cdots+x_n{}^2)(y_1{}^2+\cdots+y_n{}^2)$$

在此令

$$P=(x_1,x_2,\cdots,x_n), P'=(x_1{}',x_2{}',\cdots,x_n{}'),$$
$$P''=(x_1{}'',x_2{}'',\cdots,x_n{}'')$$

若用 $x_1-x_1{}', x_2-x_2{}', \cdots, x_n-x_n{}'$ 替换 $x_1, x_2, \cdots, x_n$，用 $x_1{}'-x_1{}'', x_2{}'-x_2{}'', \cdots, x_n{}'-x_n{}''$ 替换 $y_1, y_2, \cdots, y_n$，则

$[d(P,P')+d(P',P'')]^2=d(P,P')^2+2d(P,P')d(P',P'')+d(P',P'')^2=(x_1{}^2+x_2{}^2+\cdots+x_n{}^2)+2\sqrt{x_1{}^2+\cdots+x_n{}^2}\times\sqrt{y_1{}^2+\cdots+y_n{}^2}+(y_1{}^2+y_2{}^2+\cdots+y_n{}^2)$

由以上式子可知其

$$\geqslant ({x_1}^2+{x_2}^2+\cdots+{x_n}^2)+2(x_1y_1+\cdots+x_ny_n)+({y_1}^2+\cdots+{y_n}^2)$$
$$=(x_1+y_1)^2+(x_2+y_2)^2+\cdots+(x_n+y_n)^2=d(P,P'')^2$$

因此

$$d(P,P')+d(P',P'')\geqslant d(P,P'')$$

仅使用上述计算方法就能证明“三角形两边之和不小于第三边”。

[4] 生物学家认为，生物对食物的摄入量与其身体的表面积而非体积成正比。因此，格列佛的饭量是小人的 $12^2=144$ 倍可能就够了。

[5] 冠以黎曼之名的几何学共有两种。广义的叫作“黎曼几何学”，而狭义的则叫作“黎曼的几何学”。

版权声明

图灵新知·远山启作品

《数学与生活（修订版）》

《数学与生活2：要领与方法》

《数学与生活3：无穷与连续》

《数学女王的邀请：初等数论入门》

图灵新知 · 数学

《数学与生活（修订版）》
《用数学的语言看世界》
《你不可不知的 50 个数学知识》
《神奇的数学：牛津教授给青少年的讲座》
《玩不够的数学：算术与几何的妙趣》
《思考的乐趣：Matrix67 数学笔记》
《浴缸里的惊叹：256 道让你恍然大悟的趣题》

《数学女孩》
《数学女孩 2：费马大定理》
《数学女孩 3：哥德尔不完备定理》

《数学思维导论：学会像数学家一样思考》
《庞加莱猜想：追寻宇宙的形状》
《一个定理的诞生：我与菲尔茨奖的一千个日夜》
《数学悖论与三次数学危机》
《度量：一首献给数学的情歌》
《数学与音乐的创造力：捕捉未知与无形》
《证明达尔文：进化和生物创造性的一个数学理论》